环境污染治理绩效机制创新研究
——以第三方治理为例

Research on Performance System Innovation of Environmental Pollution Governance Service — Take the Third-party Governance Service as an Example

曹莉萍 / 著

前　言

一、研究目的和意义

构建多元主体参与的环境治理体系是我国环境治理体系现代化的重要组成部分，作为环境治理现代化创新模式——环境污染第三方治理模式（简称“第三方治理”）则是构建政府、市场、社会多元主体平等参与环境治理的重要抓手，也是发展我国在生态环境领域深化“放管服”改革的重点环保产业。经过8年的发展，我国环境污染第三方治理市场发展现状及治理绩效如何？要弄清这个问题，就需要一套科学的测度方法进行衡量。因此，本书基于生态经济学理论和可持续性科学（2.0版）的思想构建了中国环境污染第三方治理绩效测度的指标体系和理论模型，并对绩效测度理论模型中的测度因素进行实证分析；同时，从上海大气环境领域的环境污染第三方治理实践出发，深入考察和分析环境污染第三方治理绩效提升的阻力、原因和对策。不仅有助于解决上海环境第三方治理绩效提升和模式可持续发展的难题，还为我国环境污染第三方治理绩效的提升和科学测度提供了可借鉴的实践经验。

二、主要内容和重要观点

第一,基于环境污染第三方治理的理论基础,本研究认为环境污染第三方治理绩效是指排污主体通过采用专业的污染治理主体提供的解决方案,获得生产生活环境质量改善、生产质量和经济效益提升、公众对排污主体污染减排认可度提升,以及以污染治理主体为核心的多方利益相关主体满意度提升。其核心内涵是根据可持续发展绩效衡量的三重底线,即经济效果、社会效果、环境效果3个维度的综合效果,其中任何一个单维度效果均不足以解释环境污染第三方治理绩效全部内容。目前,我国学术界已对环境污染第三方治理绩效的直接、间接影响因素从排污主体、治理主体、项目管理3个视角进行探索,并形成了以经济效果和效率来测度第三方治理绩效的研究方法。但是,单纯经济学视角的测度不能全面体现环境污染第三方治理绩效测度因素及测度因素之间的相互关系,鲜有学者从多个非经济学视角对环境治理绩效进行测度。本书试从多维度视角对环境污染第三方治理绩效测度进行系统研究。科学构建环境污染第三方治理绩效测度指标,既能够发现阻碍我国环境污染治理绩效提升的主要问题及原因,又能够帮助建立我国环境污染第三方治理绩效评估标准与机制,规范第三方治理多方利益相关主体的市场行为,以及为因追究违约责任需要仲裁调解和赔偿谈判条件的环境污染第三方治理服务提供科学判定依据。

因此,本书采用可持续性科学(2.0)思想中动态研究思路,即采用可持续发展政策分析研究方法“压力—状态—响应”(PSR)驱动力模型和生态经济学广义服务效率理论解构环境污染第三方治理绩效的测度因素，构建包含治理效果、治理效率和合作满意度三维的环境污染第三方治理绩效测度的指标体系。同时，根据所构建的指标体系，运用对象-主体-过程（OSP）系统性研究方法构建环境污染第三方治理绩效测度的结构方程实证模型。该模型将环境污染第三方治理服务基于三重底线的直接绩效（O）作为因变量，核心利益相关主体满意度（S）和过程管理效果（P）等多个维度测度因素作为自变量。其中，核心利益相关主体合作满意度作为中介变量，环境设备资本投入比例和合同期长短作为调节变量，独立绩效评估机制、环境风险预防机制作为控制变量。

第二，本书提出了环境污染第三方治理的3个维度绩效测度因素及各维度测度因素之间关系的研究假设，包括治理效果测度维度假设，基于三重底线的服务效果与直接绩效的关系及假设；合作满意度测度维度假设，多方利益相关主体满意度与合作满意度的关系及假设；治理效率测度维度假设，过程管理三方面与过程管理效果之间的关系及假设；以及3个测度维度之间关系的假设，包括利益相关主体合作满意度对直接绩效的关系及假设、过程管理效果与直接绩效和合作满意度的关系及假设、调节变量和控制变量对三维绩效测度因素的影响假设。同时，采用具有全国代表性的环境污染第三方治理地区数据，实证环境污染第三方治理绩效测度理论模型中代表绩效测度指标的各维度测度因素的科学性和有效性，以及绩效测度因素之间的互动关系。

第三，本书通过对环境污染第三方治理绩效测度的实证检验，实证了大部分研究假设，从而再一次证明了环境污染第三方治理绩效测度指标的科学性和有效性。但是在绩效测度指标体系中，治理效率指标的过程管理效果因素所包含的合同期长短、设备资本规模等绝对指标作为调节变量的研究假设未通过检验，说明需要采用资本的时间效率和固定资本的投资回报率等相对测度指标来分析环境污染第三方治理绩效；而独立绩效评估机制和环境风险预防机制等外生控制变量的研究假设也未通过检验，是因为现有环境污染第三方治理市场上还没有成熟的独立环境治理绩效评估主体，同时环境污染保险业务也属于自愿参与性质。因此，这两项第三方治理模式的保障机制将在环境污染第三方治理绩效提升未来研究中作深入探讨。

第四，本书从过程管理效果维度的创新环境污染第三方治理模式的保障机制、完善法规制度和行业标准两个层面提出提升中国环境污染第三方治理绩效的政策建议。

在创新第三方治理模式的保障机制层面，一是基于全国征信平台在环境污染第三方治理服务市场引入合同违约保险主体，建立第三方治理项目的事前强制保险机制；二是建议由生态环境部门牵头，会同市场监管部门、环保行业协会认定独立的、具有专业评估能力的环境污染第三方治理绩效评估主体，构建独立、客观的第三方治理绩效评估机制；三是建议生态环境部门与跨学科专家合作组成的环境污染第三方治理责任仲裁机构，形成低成本、高效的第三方治理责任纠纷仲裁机制。

在完善法规制度和行业标准层面，一是建议由生态环境部门牵头，会同发改委、市场监管等相关部门，联合制定明确界定第三方治理参与主体权责利的法规制度；二是建议生态环境部门牵头，会同环保行业协会与相关研究机构，编制第三方治理供给主体资质认定办法，并定期发布优秀供给主体“白名单”，引导需求主体选择高质量第三方治理供给主体，降低其招投标选择的高成本和高风险，优化营商环境；三是试点编制第三方治理绩效评估标准，建议由生态环境部门牵头，会同环保行业协会与相关科研机构对标国际，编制环境污染第三方治理绩效评估标准。

第五，本书以涉足环境污染第三方治理服务业时间较早的上海市为例，选择城市管理中急需解决的餐饮行业大气环境污染治理问题，结合环境污染第三方治理绩效测度因素的实证结果，通过分析上海餐饮油烟污染第三方治理绩效提升的阻力、原因，形成上海环境污染第三方治理绩效提升的对策建议。同时，再一次例证环境污染第三方治理绩效测度因素的科学性。

上海餐饮油烟污染第三方治理绩效提升的阻力，主要表现为：排污主体环境治理设备不到位、油烟污染受害者投诉多、排污主体因经济负担重而环境治理设施运行效率低等。

阻碍餐饮油烟污染第三方治理绩效提升的原因，主要有：多元主体监管体系的缺失、第三方治理主体信用体系不完善、第三方治理服务合同不完善而导致服务绩效低下等。

上海环境污染第三方治理服务绩效提升的对策建议，包括：构建环境污染第三方治理绩效共享机制，培育多元化市场主体；积极开展环保产品服务评审，建立基于环境绩效的信用评价机制；建立环境污染第三方治理风险补偿机制，培育项目融资担保主体等。

三、学术价值、应用价值，以及社会影响和效益

本书学术价值、应用价值在于：基于生态经济学理论、利益相关者合作治理理论、可持续发展思想系统研究方法，构建环境污染第三方治理绩效测度指标体系并实证第三方治理绩效测度因素理论模型的科学性和有效性，是对第三方治理研究的拓展。同时，选取上海大气环境污染第三方治理绩效提升的实践进行深入考察和分析，不仅能够更好地实证环境污染第三方治理绩效测度指标的正确性，也为更好地提升我国环境污染第三方治理绩效提供了地方经验。

本书社会影响和效益在于：为深入推进环境污染第三方治理模式在地方企业、市政领域应用，规范我国环境污染第三方治理市场健康有序发展起到积极作用。同时，本研究中可持续发展思想及科学研究方法将成为环境污染治理绩效机制的理论创新，并在全国环境污染第三方治理领域加以推广；书中构建的环境污染第三方治理绩效测度指标体系将首先运用到长三角地区环境污染第三方治理实践，通过对长三角地区环境污染第三方治理绩效进行科学评价，为长三角三省一市地方政府制定环境污染治理市场规范性政策和把握环保企业投资方向提供指导，从而推动长三角环境污染治理市场一体化发展。

笔者于尚社本部

2021年5月1日

目 录

第一章 绪 论

第一节 研究背景

构建多元主体参与的环境治理体系是我国环境治理体系现代化的重要组成部分，而作为环境治理现代化创新模式——环境污染第三方治理模式（简称“第三方治理”）则是构建政府、市场、社会多元主体平等参与环境治理的重要抓手，也是发展我国在生态环境领域深化“放管服”改革的重点环保产业。从我国环境第三方治理的发展历程来看（图1-1），我国专业的环境污染治理、生态修复第三方服务实践是从20世纪90年代随着节能减排第三方服务，如合同能源管理服务的兴起，从环境卫生治理、生态修复等环境公共服务中独立出来的，在党的十八大（2012）提出生态文明建设的战略布局下，大气、水、固废、土壤污染治理等原本由政府提供的公共环境服

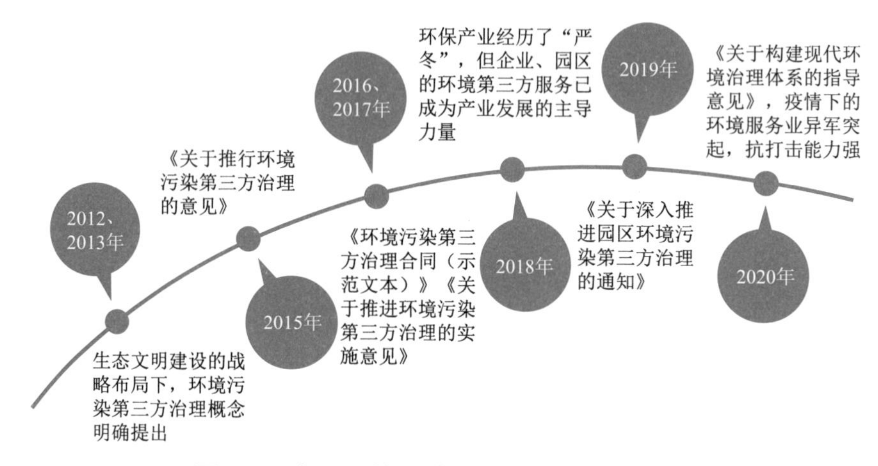

图 1-1 中国环境污染第三方治理发展历程

资料来源:笔者绘制。

务逐渐转变为由高效的市场来提供。2013 年,环境污染第三方治理概念在十八届三中全会上被明确提出,各地方企业、工业园区环境污染第三方治理实践如雨后春笋般涌现出来,尤其是沿海经济发达地区的环境污染第三方治理服务业已经形成了各具地理空间特色的地方市场。2015 年,国务院发布《关于推行环境污染第三方治理的意见》,为在全面推进环境污染第三方治理服务奠定了政策基础。随着环境污染第三方治理实践的推广,第三方治理在企业、工业园区环境污染治理和生态修复领域的绩效优势逐步显现。2017 年 8 月,我国环保部又出台了《关于推进环境污染第三方治理的实施意见》,对我国现阶段第三方治理模式的实践提出了专业化的指导意见,解决了以往实践中主体责任界定不明晰、政府职能定位不清、价格机制和制度规则不完善导致的市场失灵等问题,推动我国环境治理能力水平的提升。然而,2018 年,严格的资本监管使环保产业经历了前所未有的“寒冬”,失去资本力量支持的环境污染第三方治理企业也失去了可持续的竞争优势,近半数环保企业净利下滑或亏损,地方环境污染第三方治理市场多呈现出点状服务特点。但《中国环保产业发展状况报告(2018)》的数据显示,企业、园区的环境第三方治理服务发展迅猛,已成为产业发展的主导力量。随着服务领域不断扩大,环境服务正在由传统的单元式服务向综合服务延伸。自 2019 年开始环境综合治理托管服务试点工作启动,5 月,生态环境部印发《关于推荐环境综合治理托管服务模式试点项目的通知》,并同意上海化工区、苏州工业园区、国家东中西区域合作示范区(连云港徐圩新区)和湖北省十堰市郧阳区 4 个项目开展环境综合治理托管服务模式试点工作,这是一项探索多环境介质污染协同增效治理机制的第三方治理模式。2019 年 7 月,国家发改委与生态环境部共同发布《关于深入推进园区环境污染第三方治理的通知》,选择京津冀、长江经济带、粤港澳大湾区一批重点园区(含经济技术开发区)深入推进环境污染第三方治理模式发展,培育壮大节能环保产业。同时,随着中央环保督察叠加“回头看”工作的推进,无论是政府公共、园区池塘还是企业私人环境污染第三方治理模式都被注入了新的活力。经过 8 年的发展,我国环境污染第三方治理市场发展现状及治理绩效如何?要弄清这个问题,就需要有科学的测度方法进行衡量。因此,本书基于生态经济学理论和可持续发展(2.0 版)的思想构建了中国环境污染第三方治理绩效测度的指标体系和理论模型,并对绩效测度理论模型中的测度因素进行实证分析,并且从上海大气环境领域环境污染第三方治理实践出发,深入考察和分析环境污染第三方治理绩效提升的阻力、原因和对策，这不仅有助于解决上海环境第三方治理绩效提升和模式可持续发展的难题，还为我国环境污染第三方治理绩效的提升和科学测度提供了可借鉴的实践经验。

第二节　发展现状

2019 年，中美贸易摩擦的影响使我国环保企业面临着经营危机，同时，我国正处于经济结构优化，转变增长动能的攻坚期和经济新常态下的减速期，2018—2019 年严格的资本监管使环保产业经历前所未有的“寒冬”。在此背景下，2020 年，环保产业作为国家战略性新兴产业，受益于环境保护政策、环境管理制度及环境保护投资的协同带动，环境治理市场需求快速释放，产业总体保持较快的发展态势。而环境污染第三方治理企业经过市场的优胜劣汰，在劳动力水平、创新能力、资本运营效率方面具有较大发展潜力的龙头环境治理企业，其营收规模和利润率呈现稳步增长。

据中国环保产业协会测算，2019 年全国环保产业营业收入约 17 800 亿元，同比增长 11.3%，其中环境服务营业收入约 11 200 亿元，同比增长约 23.2%。环保产业结构逐步优化，环境服务业营收占比约为 62.9%，新业态新模式不断涌现。2004—2019 年，我国环保产业营收总额由 606 万元增加到约 1.78 亿元，增长了 29 倍，年均增长率达 25.5%；2005—2015 年的 10 年间，同比一直保持

26%～31%的较高增长速度；到2016年，我国环保产业营收首次超过万亿元，其后同比增速明显放缓，保持在14%～20%之间。环保产业营收与国内生产总值（GDP）的比值从2004年的0.4%逐步扩大到2019年的1.8%。环保产业对国民经济直接贡献率①从2004年的0.3%上升到2019年的3.1%，尽管期间出现过一些波动，但环保产业对国民经济的贡献总体呈逐步加大的趋势。而我国环保产业对国民经济发展的拉动作用，总体来说相对较弱（图1-2）。

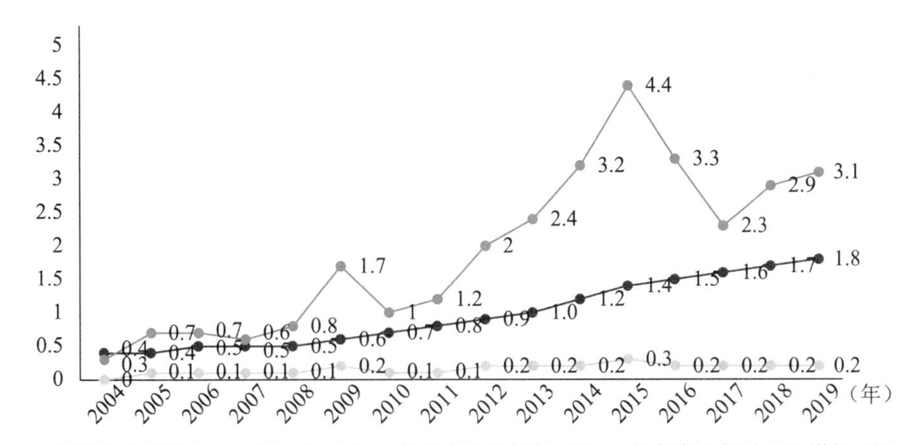

图1-2　环保产业贡献率及对国民经济发展的拉动作用

资料来源：中国环保产业协会。

根据近三年《中国环保产业分析报告（2018）》《中国环保产业分析报告（2019）》《中国环保产业分析报告（2020）》，2019年，我国环境服务以水污染防治、大气污染防治、固废处置与资源化、环境监测为主，年收入总额、年利润总额同比均保持增长，行业平均利润为

① 产业贡献率以产业当年增量与GDP当年增量的百分比计算。

9.9%(图 1-3～图 1-6)。

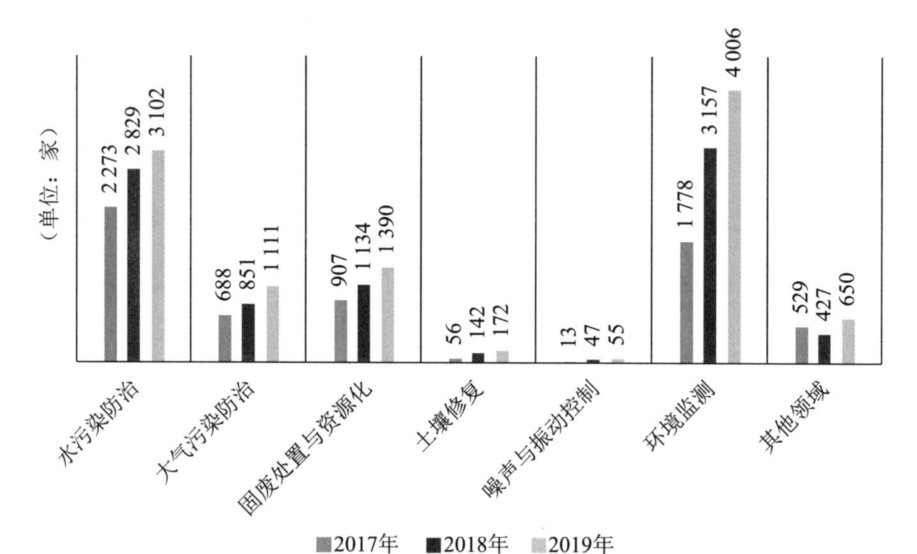

图 1-3 近三年全国分领域环境服务企业数量

资料来源：中国环保产业协会。

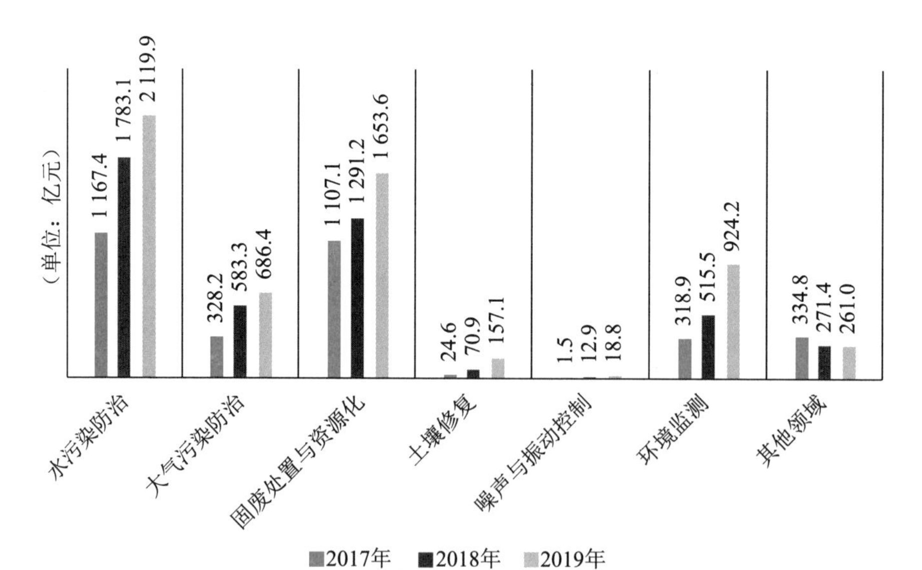

图 1-4 近三年全国分领域环境服务年营业收入总额

资料来源：中国环保产业协会。

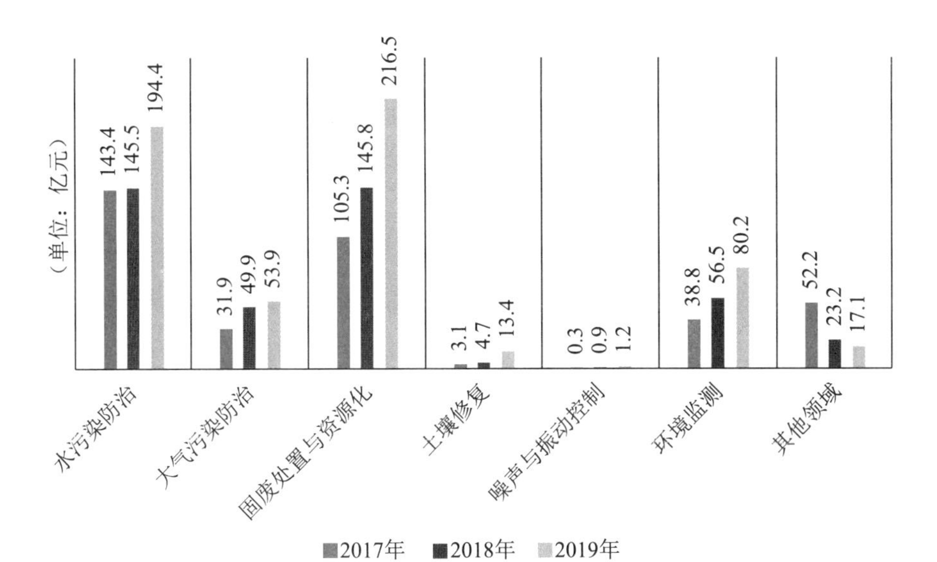

图 1-5 近三年全国分领域环境服务年营业利润

资料来源：中国环保产业协会。

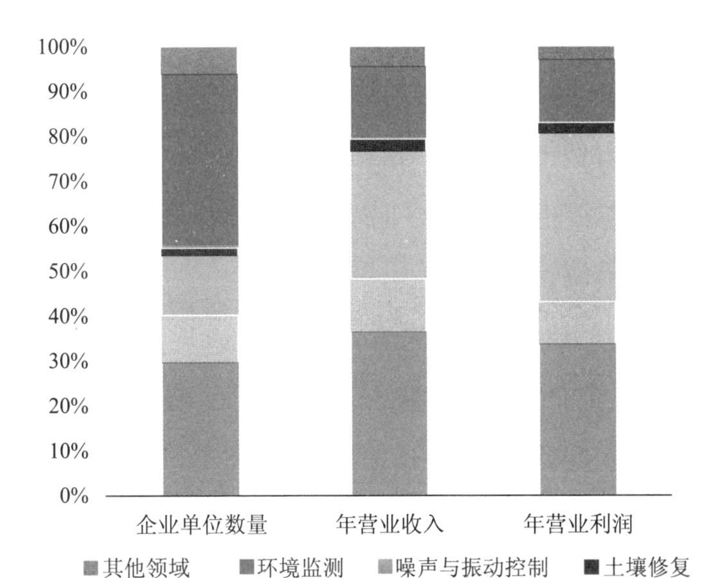

图 1-6 近三年列入统计的环境服务细分领域各指标占比

资料来源：中国环保产业协会。

可以看出，目前我国环境服务业的从业单位以水污染防治服务和环境监测服务单位居多，收入和利润则主要集中在水污染防治领域，其次是固废处理与资源化利用领域。同时，从2018年、2019年相同环境服务从业企业数据来看，2019年，相同环境服务企业的年收入总额、年利润总额分别同比提高17.4%、23.6%。从年收入总额来看，水污染防治、土壤修复、噪声与振动、环境监测领域同比增长均超过20%，大气污染防治领域同比增长超过12%，固废处置与资源化领域增长接近10%；从年利润总额来看，水污染防治、固废处置与资源化领域增幅超过20.0%，大气污染防治、土壤修复、噪声与振动控制、环境监测增幅均超过10%。

在地域分布上，环境服务企业及营业收入分布高度集中，南方16省企业数量及营业收入总额远超北方15省。从省市分布看，2019年列入统计的10 486家环境服务企业遍及中国大陆境内31个省、自治区、直辖市。其中，长江经济带11省(市)以45.6%的企业数量占比贡献了近一半的产业营业收入，我国专业的环境服务企业主要集中在沿海、一线城市。

从环境服务劳动生产率来看，2019年，人均营业收入为116.8万元，规模以上企业人均营业收入130.9万元，略低于2018年规模以上工业企业人均营业收入(132.1万元)(图1-7)。

从创新能力来看，2019年，环保企业研发经费共支出158.7亿元，占营业收入比重为3.4%，高于2018年全国规模以上工业企业研发经费支出占营业收入的比重(1.2%)(图1-8)。其中，来源为政府财政的研发经费占比仅为6.7%。

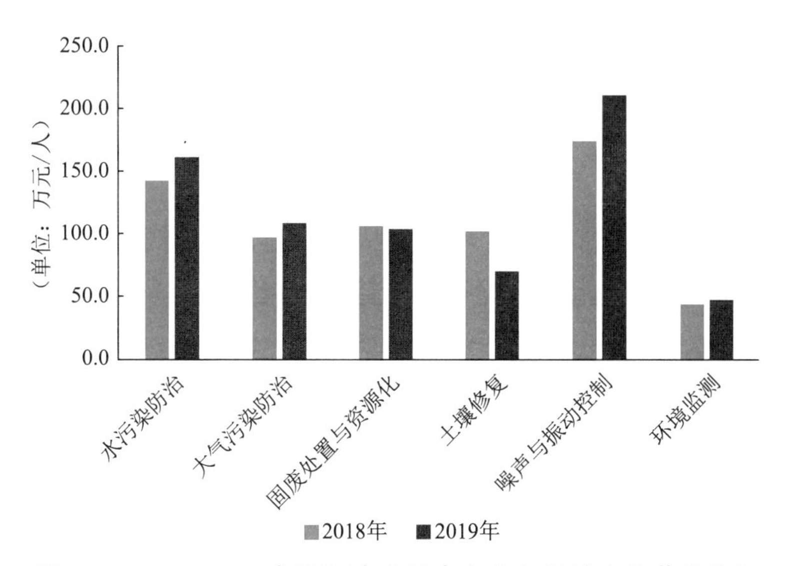

图 1-7　2018、2019 年环保产业重点企业各领域人均营业收入

资料来源：中国环保产业协会。

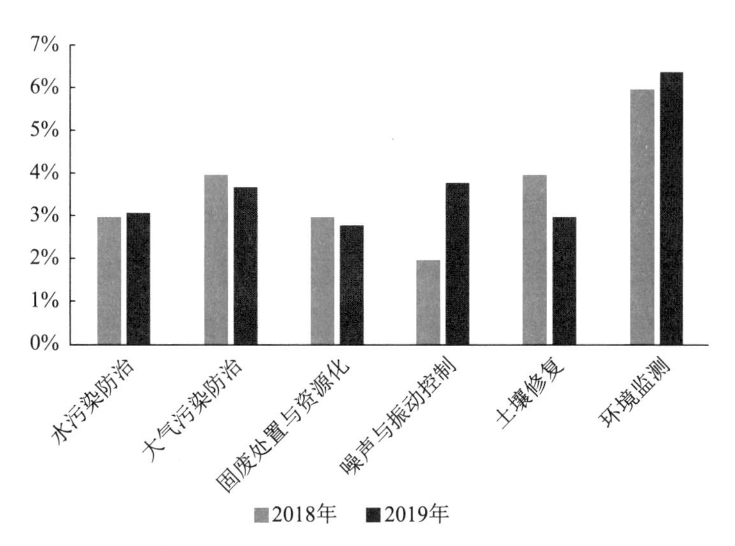

图 1-8　2018、2019 年环保产业重点企业各领域企业研发经费占营业收入比重

资料来源：中国环保产业协会。

从从业人员状况来看，2019 年从业人员数量同比有所增长，

其中,67.4%的从业人员就职于年营业收入1亿元以上的企业(图1-9),该部分企业的数量占环保产业重点企业调查单位数量的16.4%。营业收入2 000万元以下的企业从业人员数量占比仅为13.0%。而且,我国环境服务产业从业人员呈现高学历、高级技术职称人员占比高,研发、管理及工程人才需求大的特点。

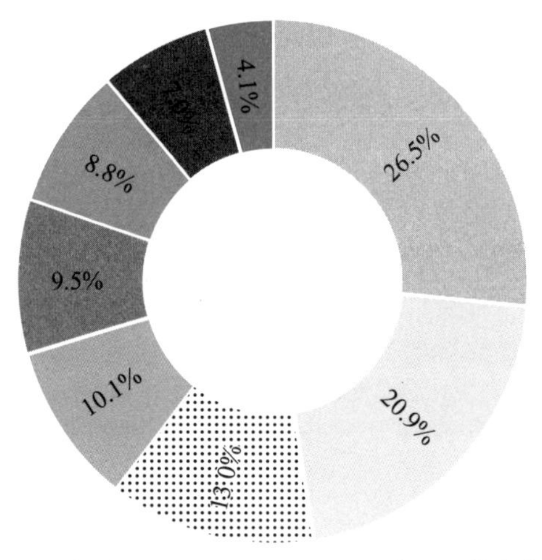

图1-9　2019年不同营业收入规模的环保产业重点企业从业人员数量占比

资料来源:中国环保产业协会。

从资产运营能力来看,环境服务企业总资产周转率不高(图1-10),2019年平均资产周转率为0.5;应收账款周转率相对较差(图1-11),2019年平均应收账款周转率为3.1。从偿债能力来看,各领域环境服务企业资产负债水平总体处于中等水平的合理区间(图1-12),同比上升2个百分点,但营业收入50亿元以上的企业,资产负率高(表1-1),其中营业收入100亿元以上的企业,资产负债率高达70%,而营业收入10亿元以下企业的资产负债率相对较低。

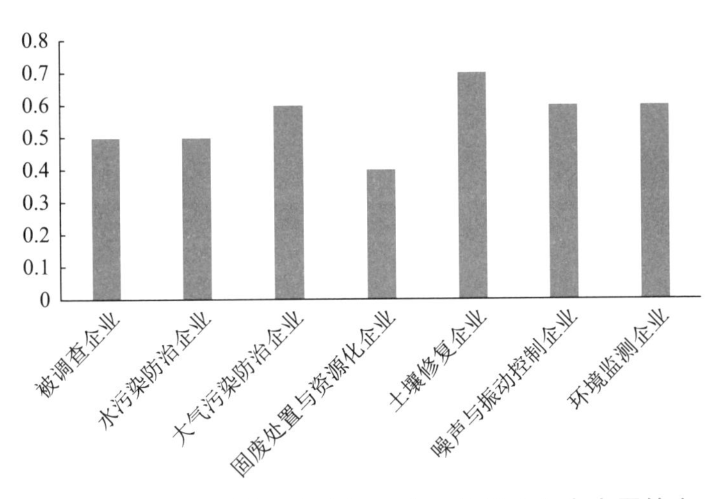

图1-10　2019年环保产业重点企业各领域总资产周转率

资料来源:中国环保产业协会。

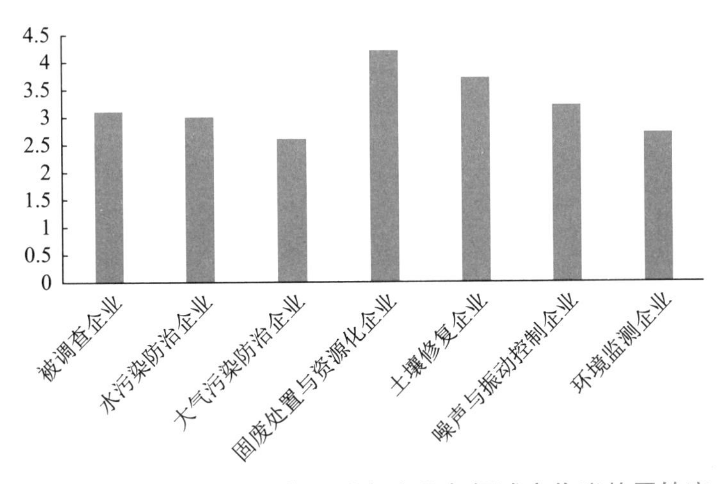

图1-11　2019年环保产业重点企业各领域应收账款周转率

资料来源:中国环保产业协会。

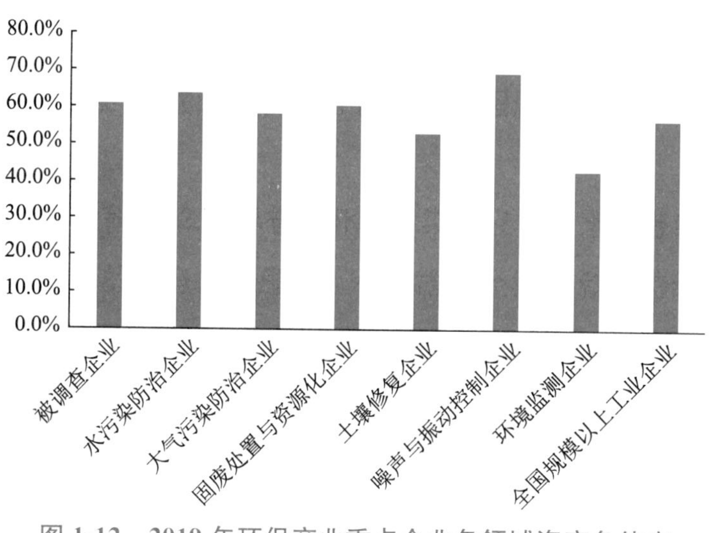

图 1-12 2019 年环保产业重点企业各领域资产负债率

资料来源:中国环保产业协会。

表 1-1 2019 年不同营业收入规模的环保重点企业资产负债率

营业收入	资产负债率
100 亿元以上	70.0%
50 亿~100 亿元	61.2%
10 亿~50 亿元	64.1%
5 亿~10 亿元	53.7%
1 亿~5 亿元	55.8%
5 000 万~1 亿元	48.9%
2 000 万~5 000 万元	54.3%
2 000 万元以下	50.8%

资料来源:中国环保产业协会。

从投融资能力看,2019 年环境治理项目投资额同比提高 32.4%,其中,水污染防治、大气污染防治、固废处置与资源化、噪声与振动控制、土壤修复、环境监测领域的环境治理项目投资额分别占企业环境治理投资总额的54%、9.2%、27.3%、1.0%、1.2%、2.3%，反映出水污染防治、固废处理处置与资源化领域依然为年度环境服务产业投资热点领域。但是，环境治理服务投融资渠道依然以银行及信用社贷款为代表的间接融资为主(图1-13)。

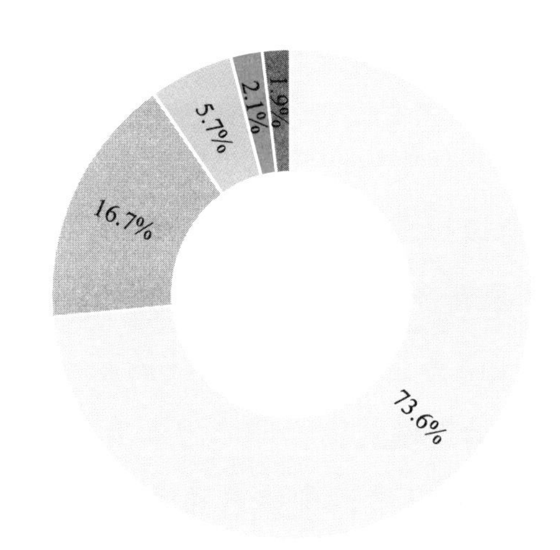

银行及信用社贷款额　私募股权融资额
企业债券融资额　财政拨款及政策性贷款额　其他

图1-13　2019年环保产业重点企业融资类型分布

资料来源：中国环保产业协会。

我国的环境服务产业仍将保持快速发展态势。在未考虑全球公共卫生突发事件影响(如2020年年初“新冠肺炎疫情”)，本研究采用环保投资拉动系数、产业贡献率、产业增长率三种方法预测2020年环保产业发展规模在1.8万亿～2.4万亿元之间，对应年增长率区间为6.1%～22.5%。

然而，受疫情影响，2020年我国GDP增速为2.3%，IMF预测

2021年中国GDP增速大约为8%，由此预计2020年中国环保产业营业收入规模在1.6万亿～2万亿之间，2021年环保产业规模有望超过2万亿元。“十三五”以来，我国经济发展进入新常态，特别是2020年以来，国内外环境发生深刻复杂变化，不稳定、不确定性增大，GDP增速预计放缓。但在“2030年碳达峰、2060年碳中和”宏伟目标中，GDP增速按照5%测算，2025年环保产业收入有望突破3万亿元。

“十四五”是在2020年全面建成小康社会、打好打赢污染防治攻坚战的基础上，衔接我国“两个一百年”奋斗目标、开启全面建设社会主义现代化国家新征程和向2035美丽中国目标迈进的第一个五年，对于环境治理服务也具有不同以往的新形势和新要求。因此，环境污染第三方治理模式作为环境污染治理的新模式，其实施绩效需要体现我国生态环境治理体系和治理能力现代化水平，同时，制定合理的绩效机制能够推动环境污染第三方治理模式的深入发展。因此，我国急需对于环境污染第三方治理绩效及其影响因素、作用机理进行深入研究，以形成提升环境污染第三方治理绩效和市场可持续发展的对策路径。

第三节 研究问题及意义

一、问题的提出

虽然我国环境服务产业发展速度保持上升势头，但是我国环境污染第三方治理模式本身在绩效分配机制和治理主体、优质环保企业评判和奖惩机制、融资担保等方面存在问题,这些问题直接或间接影响我国环境污染第三方治理绩效的提升。目前,中国环境污染第三方治理需求呈现多样性与复杂性的特点,治理绩效不确定性大。然而,现有的政策文件尚不具备法律的约束效应,因此,我国一些环境污染第三方治理服务项目中仍存在责任主体承担责任的法律依据不足、承担责任的判断标准缺失、承担责任的程序未规定、承担责任的方式不明确、承担责任的配套措施不完善等问题。[1]虽然,2016 年年底,国家发改委、财政部、生态环境部(原环保部)出台了《环境污染第三方治理合同(示范文本)》明确了建设运营模式和委托运营模式两种类型的第三方治理服务供需主体的权责利,但是一旦治理项目因合同条款中出现未约定事项,如需求主体生产工艺、工况发生变化,导致服务项目最终效果存在不确定性,甚至污染排放不达标问题,环境污染第三方治理供需主体可能会产生责任推诿纠纷。同时,一些环境服务第三方机构为了承揽业务,一味"迁就"委托方,罔顾事实和法律法规,不惜弄虚作假,出具不实的报告,对环境的污染、生态的损害更具严重性,更增加了环境问题治理的难度。[2]因此,急需制定一套科学衡量环境污染第三方治理绩效的测度指标体系,该指标体系既能够全面体现环境污染第三方治理绩效的直接间接影响因素,又能对地方环境污染第三方治理绩效进行科学评估,从而能够为全国环境污染第三方治理服务集聚地区治理绩效提升提出对策建议。此外,科学的环境污染第三方治理绩效测度指标体系还能为环境污染服务市场建立市场化的绩效评估机制,规范环境污染第三方治理供需主体的行为，以及为因追究违约责任需要仲裁调解和赔偿谈判条件的治理服务提供科学判定依据。

二、研究意义

本研究在系统研究框架下对第三方治理模式进行研究，构建环境污染第三方治理绩效测度指标和理论模型并加以实证分析，以及运用于地方实践研究，对推动环境污染第三方治理模式的可持续绩效提升和市场培育具有一定的学术和应用价值。

1. 从学术价值来看，从绩效视角研究环境污染第三方治理模式可持续发展和市场培育是生态经济理论、利益相关者合作治理理论、多中心合作治理理论、系统研究方法在第三方治理研究领域的拓展，在此基础上构建的绩效测度模型具有较强理论和方法论指导价值。

2. 从应用价值来看，提升环境污染第三方治理绩效的上海实践和对策研究具有直接应用性，能够摸清上海市环境污染第三方治理市场机制运行的现状，分析现实问题，完善第三方治理机制，提出培育第三方治理市场策略，有效推进地方污染防治市场机制的发展。

第四节　研究内容与框架

本研究从环境污染第三方治理理论和研究方法出发，在基于

PSR 驱动力模型建立环境污染第三方治理绩效测度指标体系，并采用基于对象-主体-过程（Object-Subject-Progress, OSP）[3—4]系统性研究方法构建环境污染第三方治理绩效测度理论模型。同时，选择具有全国代表性的上海调查问卷数据实证分析环境污染第三方治理绩效测度因素及测度因素之间的互动关系。最后，在总结实证结果的基础上，结合上海实践研究提出对环境污染第三方治理绩效可持续提升的对策。

一、中国环境污染第三方治理发展现状与绩效指标体系研究

首先，基于中国统计分析数据、中国环保产业分析报告、中国环保产业景气指数对中国环境污染第三方治理供需状况、空间分布现状进行总结。其次，分析我国环境污染第三方治理模式在发展中存在的问题，为构建环境污染第三方治理绩效测度指标体系和测度指标对应测度理论模型奠定基础。再次，基于生态经济学广义的服务效率理论解构了环境污染第三方治理绩效测度因素，并构建环境污染第三方治理绩效测度指标体系。

二、环境污染第三方治理绩效测度研究假设与理论模型构建

为进一步验证本研究所提出的中国环境污染第三方治理绩效测度指标体系的科学性和有效性，首先提出环境污染第三方治理绩效测度的理论基础和研究假设，采用循环经济学系统研究方法，构

建了环境、经济、社会三重底线治理效果为代表的环境污染第三方治理直接绩效作为因变量(对象 O),以环境污染第三方治理主体为核心的利益相关主体对环境治理服务的合作满意度作为中介变量(主体 S),以环境治理技术和设备产出效率、运营服务产出效率、合同完善性作为环境污染第三方治理过程管理效果自变量(过程 P),合同期长短、环境设备投资占比作为调节变量,独立绩效评估机制、环境风险预防机制作为控制变量的环境污染第三方治理绩效测度理论模型,理论模型涵盖了环境污染第三方治理绩效测度指标体系的所有测度因素。

三、环境污染第三方治理绩效测度理论模型的因子分析及假设检验

第一,对绩效测度理论模型中测度进行三次解构,细化直接测量指标。第二,选择采用具有全国代表性的上海市场调查数据,借助上海市工业环保协会平台收录的 300 多家环保企业第三方治理业务资料,获取一半数据(120 家左右)对开展环境污染第三方治理项目的负责人通过 5 级李克特量表问卷进行访谈调研,确定测度模型中各级测度因素的测量指标重要程度,剔除重要性低的测量指标,并通过开放式问卷补充指标,完善绩效测度因素的测量指标体系。第三,经过两轮调查的信度、效度检验等统计处理,形成最终的环境污染第三方治理绩效测度因素的指标体系。第四,通过路径系数和因子载荷计算各级测度因素指标权重。第五,将绩效测度理论模型、绩效测度因素的指标体系和各级测度因素指标权重进行整

合，构建包含对象、主体、过程的环境污染第三方治理绩效测度实证模型。

四、环境污染第三方治理绩效测度理论假设检验

基于前一部分构建的理论模型及理论模型中测度因素的因子分析和假设检验，形成能够体现环境污染第三方治理绩效测度指标体系和包含对象、主体、过程的环境污染第三方治理绩效测度因素路径分析实证模型。同时，开展上海环境污染第三方治理问卷调查和实地访谈，收集治理绩效测度因素指标数据，对路径分析模型进行实证检验，并对实证结果进行分析，探索我国环境污染第三方治理绩效测度因素路径以及测度因素之间相互关系。

五、中国环境污染第三方治理绩效测度研究结论与提升建议

基于实证数据检验结果，本研究提出了与研究假设相对应的结论，实证了我国环境污染第三方治理绩效测度指标体系的科学性。同时，本研究采用 PSR 驱动力模型，为可持续提升中国环境污染第三方治理绩效提出政策建议。

六、提升环境污染第三方治理绩效的上海实践研究

基于对于我国环境污染第三方治理绩效测度理论研究和指标体系的实证研究，本研究以涉足环境污染第三方治理服务行业时间较早的上海实践为例，选择城市管理中急需解决的餐饮行业大气环

境污染治理问题，结合环境污染第三方治理绩效测度因素实证结果，通过分析上海培育餐饮油烟污染第三方治理市场的实践，探索提升环境污染第三方治理绩效可复制、可推广的上海实践经验。

第五节 相关研究综述与理论研究方法

一、研究综述

（一）环境污染第三方治理影响因素研究

由于我国环境污染治理体制变革缓慢，环境立法存在缺陷，环境污染第三方治理也是一项复杂的系统工程，在实际运行过程中仍存在影响治理绩效的因素，包括：(1)法律制度影响因素，在发展之初，环境污染第三方治理就存在依法合规的外部压力不足、委托第三方治理的内生动力不足、第三方治理市场环境不够规范、第三方治理缺乏有实力的参与主体等法律制度和治理体系缺陷。[5]随着国家扶持政策的不断出台，最新研究认为影响环境污染第三方治理的法律责任问题，包括第三方与排污企业法律责任界定不清晰、第三方治理行政监管体系不完善、环境污染治理的第三方进入及退出机制不健全等问题，[1—2, 6—9]是影响第三方治理绩效重要的外部因素。(2)治理模式和机制影响因素，我国专家认为环境污染第三方治理模式推广和市场应用不均衡的直接原因在于第三方治理模式盈利和绩效分配模式不够清晰，而因合同期限和固定资本投入锁定，第三方治理主体进退机制不健全等第三方治理机制本身[8—10]

也成为影响第三方治理绩效的因素。(3)治理标准影响因素,徐秉声采用系统论及系统工程方法论,结合我国环境污染治理标准制定情况,构建了包含4个子体系及22个专业领域的环境污染第三方治理的标准体系,但认为急需建立配套、完善的环境污染第三方治理绩效评价的国家标准[11],这一标准是测度第三方治理绩效的关键影响因素。

上述直接、间接绩效影响因素最终导致第三方治理服务绩效不可持续,主体参与度低,市场活跃度不高,使我国第三方治理服务发展趋势与第三方治理指导意见中提出的2020年发展目标存在一定差距。

(二)第三方治理绩效测度研究

环境污染第三方治理绩效测度研究方法更多是以经济绩效测度治理绩效,主要包括三个方面:(1)从排污主体方面,采用类似生态环境服务付费机制(Payment for Environmental Services, PES)测度绩效的方法,如采用条件价值法(CVM)测算排污主体意愿支付标准[12]来测度第三方治理绩效,或采用回归模型测算环境污染治理的公众满意度[13]来测度第三方治理绩效;或者采用污染者付费机制(Polluter Pays Principle, PPP)测度方法对环境破坏面积的生态功能服务价值损失进行核算来衡量污染治理绩效。[14](2)从治理主体方面,多采用层次分析法、平衡记分卡、基于PSR模型的主成分分析法、DEA-Malmquist指数对反映环境质量的污染减排指标进行综合分析,或采用单纯的治污经济效率,如单位成本的减排量、成本收益分析来测度第三方治理绩效。[15](3)从项目管理视角，多采用项目建设生命周期成本计算（LCC）、生命周期评估（LCA）方法，根据建设内容和环境改善的相关度对第三方治理项目绩效进行定性测度。[16—17]

（三）述评

虽然国内学术界针对中国环境污染第三方治理绩效的直接、间接影响因素从排污主体、治理主体、项目管理三方面进行了探索，并形成了以经济效果和效率测度第三方治理绩效的研究方法。但是，单纯经济学视角的测度不能全面体现环境污染第三方治理绩效测度因素及测度因素之间的相互关系，鲜有学者从多个视角对环境治理绩效进行系统测度，也学者对现有环境污染第三方治理绩效测度研究方法公正性产生质疑。[18]因此，现有对环境污染第三方治理绩效测度研究存在片面性，不能全面体现出第三方治理绩效及其测度因素之间的相互关系，从而造成环境污染第三方治理绩效提升难度大，治理服务可持续性较差。因此，国内外缺少对于第三方治理绩效多主体、多视角的系统性测度研究。本书试从多维度视角对环境污染第三方治理绩效测度进行系统研究。

二、理论研究

本书从第三方治理绩效视角出发，在总结国内外研究现状的基础上，探索第三方治理绩效的理论基础，包括可持续发展理论、利益相关者合作治理理论、多中心治理理论、绩效经济理论。

（一）可持续发展理论

可持续发展的思想最早源于环境保护，现在已成为世界许多国家指导经济社会发展的总体战略。[19]我国学者诸大建(1997)以1987年布伦特兰报告《我们共同的未来》和1992年联合国环境与发展大会通过的《里约宣言》为依据,结合国内外有关学者的研究,将可持续发展界定为:以科技进步为动力,追求以人为中心的自然—经济—社会复合系统相互协调,在满足当代人需求的同时不损害后代人需求的一种发展。其内涵包含四个方面的内容:建立自然、经济、社会三维一体的可持续发展体系,以人为本的发展目标,世代平等的发展伦理,科技推进的发展动力。可持续发展的上述内容体现了与传统发展观念的根本差异。这就是:从以经济增长为中心的发展转向经济社会生态综合性的发展,从以物为本位的发展转向以人为中心的发展,从注重眼前利益的发展转向长期可持续的发展,从物质资源推动型的发展转向非物质资源推动型的发展。可持续发展观念的提出和实施标志着人类社会正在从传统发展观念为范式的工业文明时代进入以可持续发展观念为范式的新的生态文明时代,生态文明将成为21世纪发展的主旋律。[20]因此,运用可持续发展理论来分析环境污染第三方治理的绩效影响因素,应综合考虑可持续发展理念三位一体的绩效因素,探索这三方面影响因素的直接或潜在测度指标来衡量中国现阶段环境污染第三方治理绩效。

(二)利益相关者合作治理理论

利益相关者的概念是从为微观公司治理领域发展而来的,其广义定义以1984年Freeman给予的经典定义为代表,即"企业利益相关者是指那些能影响企业目标的实现或被企业目标的实现所影响的个人或群体"。股东、债权人、雇员、供应商、消费者、政府部门、相关的社会组织和社会团体、周边的社会成员等，全都归入此范畴。[21]狭义定义以Clarkson的表述最具代表性，他认为“利益相关者在企业中投入了一些实物资本、人力资本、财务资本或一些有价值的东西，并由此而承担了某些形式的风险，或者说，他们因企业活动而承受风险”。[22]该定义排除了政府部门、社会组织及社会团体、社会成员等。在国内，学者贾生华、陈宏辉对利益相关者的界定有一定代表性，他们认为“利益相关者是指那些在企业中进行了一定的专用性投资，并承担了一定风险的个体和群体，其活动能够影响企业目标的实现或者受到该企业实现其目标过程的影响”。[23]可以看出，他们的界定介于广义和狭义之间，既强调专用性投资，又强调利益相关者与企业的关联性。本研究认为，环境污染第三方治理模式作为基于提供环境功能服务的一种可交付项目，其目标是需要为企业产生创造环境经济效益或者说是减少环境成本的，服务过程中的涉及技术产品设计和使用一整套产品服务系统包含了核心利益相关主体，[22, 24]因此，应用环境污染第三方治理模式的环境治理服务项目全过程亦包含系统中的核心利益相关主体，这些利益相关主体的也是介于广义和狭义之间的定义，本研究对服务项目的核心利益相关主体进行了分析。

而国内外对于核心利益相关主体治理模式绩效评价的研究成果非常少，尤其当核心利益相关主体治理模式绩效评价环境污染第三方治理服务绩效研究领域。陈维政等曾把利益相关主体分类管理和绩效评价相结合，建立了一套具有绩效评价和管理功能的利益相关主体分类管理模式。[25]此外，核心利益相关主体对于激励机制的主观满意度调查也是评价环境污染第三方治理行业治理效果的有效方法，这种方法将更注重以核心利益相关主体为代表的群体社会效益。

（三）多中心治理理论

多中心合作治理理论为改善环境等公共事务提出了不同于传统官僚行政理论的治理逻辑。一是从研究方法看，多中心是将诸种社会科学方法有机融入公共事务治理问题的分析中，将宏观现象与微观基础连接起来重视物品或资源属性和社群或人的属性，对治理绩效的影响提供了操作、集体和立宪三个层次的制度分析框架。二是与传统的治理理论相比，多中心合作治理有明显的三个优点：第一个优点是多种选择、减少搭便车行为以及更合理的决策；第二个优点是可以避免公共服务或公共产品提供的不足或过量；第三个优点是有利于提高公共决策的民主性。因此，本研究将拓展利益相关者合作治理理论，采用多中心合作治理理论下的制度分析与发展（Institutional Analysis and Development, IAD）框架[26]研究现有环境污染第三方治理法律制度的合理性，对不合理法律制度提出建议。

（四）绩效经济理论

根据施塔尔对于绩效经济的解释，绩效经济是知识密集并且资源投入与经济产出相脱钩的一种经济发展模式。它通过整合三种方法①来克服工业经济发展的不足，力争达到“正确地做正确的

① 三种方法：一是专注于智能材料、智能产品和精明解决方案的研究。通过开发新技术和新知识，促进收入和财富的增长与资源投入量的脱钩；二是通过关注资产管理，创造内生的工作机会来替代工作外包；三是运用全新的功能服务经济商业模式，促使经济参与者在其产品的整个服务寿命周期中，尽量地延伸绩效责任（EPR）。

事”，以实现探索科学、创造就业机会、探索延伸绩效责任的机会这三个目标。前两个目标为实现经济增长和资源消耗的脱钩并发展循环经济提供了工具，第三个目标为实现社会发展和资源消耗的脱钩并发展生态经济提供了工具。同时，绩效经济提出了与其三大目标相符的度量标准，具有定性和定量特征，从而形成“绩效经济的可持续性三角形”（图 1-14）。[27]量值比率的方法是把经济变量与资源（环境）变量进行比较；劳动/价值比率方法是把社会变量与资源变量进行比较；人力资本作为可再生资源，创造价值的方法是把经济变量与社会环境变量进行比较。这些脱钩指标可适用于微观、中观、宏观层面。因而，也可适用于测度环境污染第三方治理服务绩效。

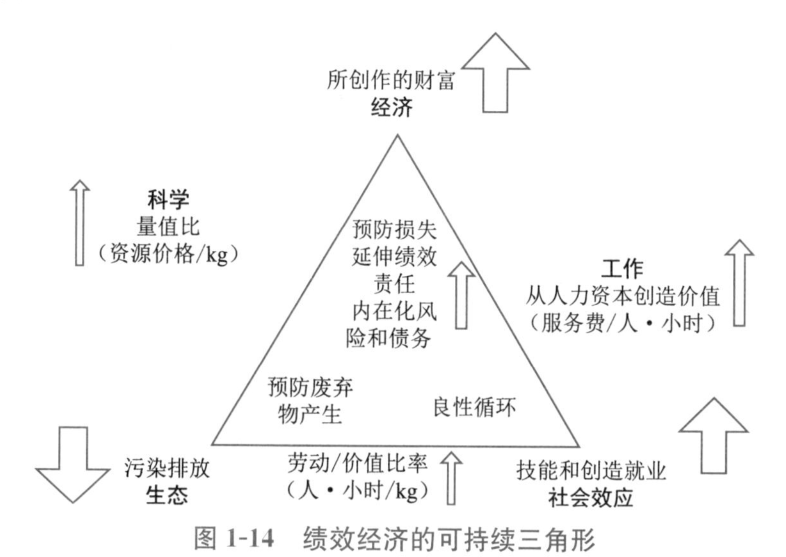

图 1-14 绩效经济的可持续三角形

资料来源：瓦尔特・施塔尔：《绩效经济》，诸大建、朱远等译，上海译文出版社 2009 年版。

绩效经济的三个目标分别对应于质量立方体的一个平面（图 1-15），因此，绩效经济被定义为：基于时间、效率和预防三个维度以及通过利用科技创造就业机会和延伸责任绩效来创造全新质量的商业模式。基于绩效经济理论的环境污染第三方治理服务是环境功能服务经济发展模式的体现，也是绩效经济的一个组成部分，是把环境技术产品和服务相结合最终实现多赢的解决方案，即在创造社会财富和就业的同时，实现资源环境的相对较少消耗。绩效经济相对于传统经济更注重功能价值的交换，而非物质交易。这种功能销售正改变着生产者与消费者之间的互动关系，并以绩效合同的形式逐渐推广开来（如环境服务合同、环境管家服务）。

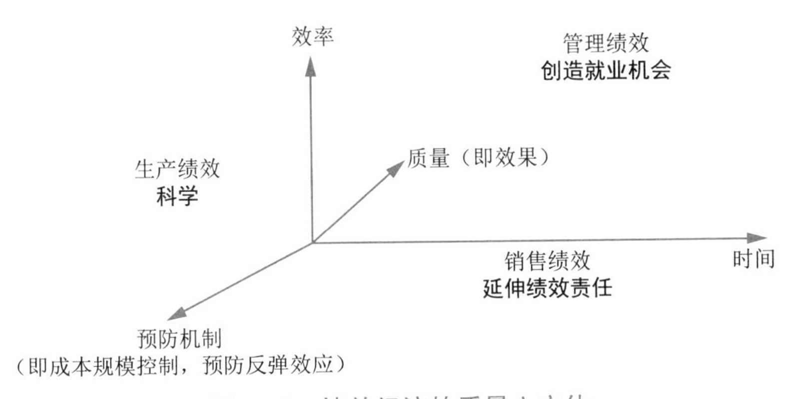

图 1-15　绩效经济的质量立方体

资料来源：瓦尔特・施塔尔：《绩效经济》，诸大建、朱远等译，上海译文出版社 2009 年版。

三、研究方法

绩效评价是衡量环境污染第三方治理服务效果的重要方式，如上所述，以往主要以静态的视角，从排污主体、治污主体和项目管理三个方面对第三方环境治理项目服务绩效进行评价。同时，由于不同领域（涉及大气、水、土壤、固废等领域）环境污染第三方治理服务基于三重底线的客观绩效数据(尤其是经济、社会效益方面的数据)难以测定、收集,因此给环境污染第三方治理服务绩效的动态评价带来了难度。

可持续性科学(2.0)思想为环境污染第三方治理服务绩效研究开启了一条新的动态研究思路。利用循环经济学和可持续发展政策分析研究方法,功能导向第三方治理服务绩效研究可采用对象、主体、过程的二次和多次"压力(Pressure)—状态(State)—响应(Response)"(PSR)动态分析模型,从单纯的对象——基于三重底线的服务绩效评价维度,即 State(S),引入主体和过程评价维度——通过对第三方治理服务项目过程中核心利益相关主体合作满意度评价和过程管理效果的评价,即 Pressure(P),来重新确定第三方治理服务的整体绩效,从而通过动态地改进第三方治理服务过程管理效果和跟踪核心利益相关者满意度,为提升直接绩效和项目中利益相关主体合作满意度,构建核心利益相关主体长效治理结构,提出具有可持续性的对策,即 Response(R)。

(一) 对象-主体-过程(OPS)系统研究方法

对象(Object)-主体(Subject)-过程(Process)系统研究方法源于诸大建、朱远提出的基于 OPS 的循环经济拓展模型,从方法论的维度对循环经济进行对象—过程—主体的研究分析。[28]吴怡在此基础上提出了 EPR 的主体—对象—过程模型(SOP 模型),厘清系统的激励要素,构建起基于三大激励维度的 EPR 激励机制模型,实现对循环经济理论与原则的制度实践。[29]而环境污染第三方治理服务作为环境服务产业中较为成熟的业态,通过运用对象—主体—

过程(OSP 模型)系统研究方法(图 1-16)可以将过程管理效果、利益相关主体满意度与合作满意度整合在一个模型中,共同作为影响环境污染第三方治理直接绩效的因素。

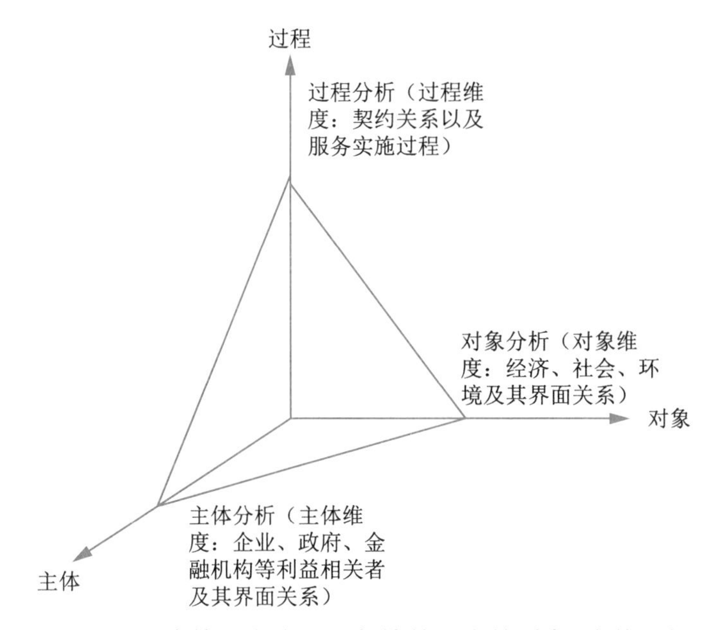

图 1-16 环境污染第三方治理服务绩效研究的对象、主体、过程组合

资料来源:笔者整理。

(二)压力—状态—响应(PSR)动态分析模型

PSR 研究模型是源于 OECD 和 UNEP 共同开发的可持续发展政策分析的概念模型,即压力(Pressure)—状态(State)—响应(Response)模型(图 1-17)。这一概念模型用来描述可持续发展中人类活动与资源环境的相互作用和影响,在此理论框架下建立可持续发展指标体系。该模型实际上提出了一个基于因果关系的动态分析思路,用以解释政策分析中需要面对的“发生了什么、现在的状

况是什么以及我们将如何应对”这 3 个基本问题。因此,这样的模型不仅可以用来研究可持续发展的各种政策,同时可以为有关服务治理的政策分析提供启示。本研究认为,环境污染第三方治理服务项目中过程管理效果、核心利益相关主体满意度、商业模式可持续问题属于压力分析(Pressure),基于三重底线的服务效果、核心利益主体合作满意度属于状态分析(State),如何提高服务效果和合作满意度属于响应分析(Response),从而改变以往片面、静止的“就状态研究状态”的局限性,对环境污染第三方治理服务绩效进行系统、动态的研究。更进一步地,运用 PSR 模型的思路,在压力层面上,环境污染第三方治理服务不同成本规模、合同期等情境下的过程管理效果和利益相关主体满意度会产生不同的直接绩效与合作满意度;在状态层面上,从基于经济、社会、环境三重底线的服务绩效和核心利益主体合作满意度综合评价直接绩效;在响应层面上,提出本源性的应对措施和可持续性的建议。

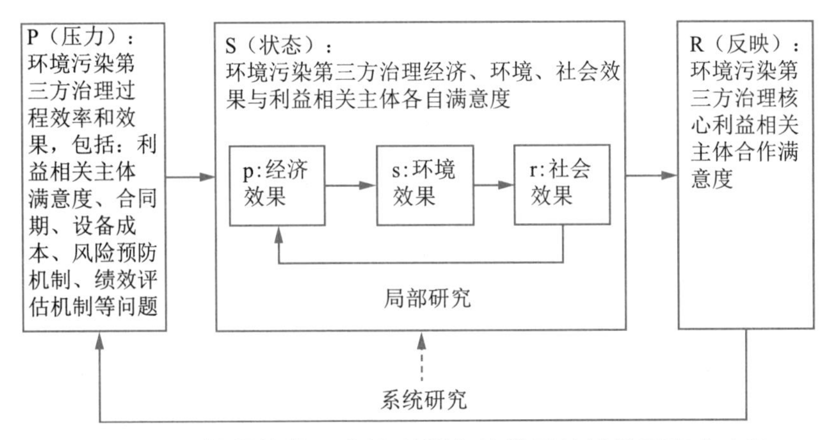

图 1-17 环境污染第三方治理服务绩效可持续发展研究方法

资料来源:笔者整理。

四、研究述评

现有关于环境污染第三方治理服务绩效研究没有从整体上系统、动态地考察过程管理效果、利益相关主体合作满意度的影响因素及两者与基于三重底线的直接绩效之间的关系，只是多偏重于某一方面的要素对某一服务效果（或称为“片面的服务绩效”）的影响分析。在环境污染第三方治理服务领域中，特别是将主、客观因素量化统计分析运用于直接绩效及其各影响要素的研究极为少见。因此，本研究基于环境污染第三方治理服务理论基础，将采用 OSP 系统研究方法和 PSR 动态分析模型，对环境污染第三方治理直接绩效进行系统、全面、动态的评价。

第二章　环境污染第三方治理绩效测度指标体系研究

虽然通过分析中国环境污染第三方治理市场发展中存在的主要问题能够发现一些影响环境污染第三方治理绩效的因素，但是还不能系统地科学测度环境污染第三方治理绩效。因此，本书基于前述第三方治理理论研究和方法研究，采用能够系统分析事物的经济、社会、环境效果的生态经济学效率理论，解构环境污染第三方治理绩效影响因素，并形成指标体系，采用全国数据对中国环境污染第三方治理绩效做出评价。

第一节　环境污染第三方治理绩效测度因素分解

基于环境污染第三方治理理论基础，笔者认为环境污染第三方治理绩效是指排污主体通过采用专业的污染治理主体提供的解决方案，获得生产生活环境质量改善、生产质量和经济效益提升、公众对排污主体污染减排努力认可，以及以污染治理主体为核心的多方利益相关主体满意度提升。其核心内涵是根据可持续发展绩效衡量的三重底线，即经济效果、社会效果、环境效果 3 个维度的综合效果，其中任何一个单维度效果均不足以解释环境污染第三方治理绩效全部内容。

而生态经济学认为对于治理服务绩效的研究与服务效率有关，并对效率进行了重新定义，认为仅技术效率[①]很难为建立一个可持续社会起太大的作用。因为产品价格的降低，技术效率提高的结果很可能是更多而不是更少的资源消耗、污染排放。经济的目标不是最大化生产，而是提供服务。服务的定义是精神(功能)流量的满意度，它来自人力资本和自然资本直接提供的系统服务(图 2-1)。人

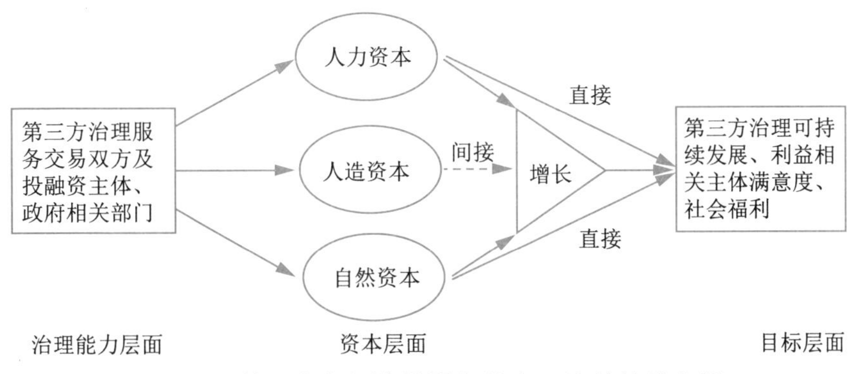

图 2-1　基于生态经济学服务效率理论的绩效分解

资料来源：笔者绘制。

---

① “技术效率”定义为从给定数量的资源投入中能获得的最大数量的物质产出。参见赫尔曼・E.戴利、乔舒亚・法利:《生态经济学——原理和应用》，中国人民大学出版社 2018 年版，第 296 页。

造资本只有通过自然资本转化才能创造出来，人造资本服务的产出需要牺牲生态环境等自然资本的服务。因此，广义的服务效率是人造资本存量（MMK）提供的服务与牺牲的生态环境自然资本存量（NK）之比。根据本书所研究的内容，可将这个服务效率比率进行改进，形成第三方治理服务的效率公式（a）：

$$
\begin{aligned}
\text{环境治理服务效率} &= \frac{\text{获得的服务}}{\text{牺牲的服务}} = \frac{\text{环境治理服务效益}}{\text{总资本投入}} \\
&= \underset{(1)}{\frac{\text{环境治理服务效益}}{\text{总减排量}}} \times \underset{(2)}{\frac{\text{总减排量}}{\text{总资本投入}}} \qquad \text{(a)}
\end{aligned}
$$

比率（1）是服务效率和效果，分子包含社会、经济、环境三大功能的实现，即环境技术设备功能的实现，由于第三方治理服务功能之一在于污染减排，因此，分母为人力资本与自然、人造资本提供的服务产出。这一比率体现了自然、人造资本和人力资本向服务功能实现的结果，如排污企业污染物排放量降低，企业生产环境的改善。

比率（2）是资本的增长率和收获率。分子为自然、人力资本与人造资本提供的服务产出，分母为自然资本、人力资本、人造资本投入。这一比率体现了自然、人造资本和人力资本向服务的转化结果，如利用其他自然资源，生产与使用环境设备，提供专业技术人员进行环境治理服务等。

效率是体现绩效的重要指标，根据生态经济学广义服务效率公式，将第三方治理效率公式进一步完全分解如公式（b）所示，绩效可包含效果、效率两方面的影响因素：

$$\frac{\text{核心利益相关者满意度} * \text{总经济效益}}{\text{总污染物减排量}} \times \frac{\text{合同期限}}{\text{总资本投入}} \times \frac{\text{总资本投入}}{\text{合同期限}} \times \frac{\text{总污染物减排量}}{\text{总资本投入}}$$

$$= \underset{(3)}{\frac{\text{总经济效益}}{\text{总污染物减排量}}} \times \underset{(4)}{\begin{matrix}\text{核心利益相}\\\text{关者满意度}\end{matrix}} \times \underset{(5)}{\frac{\text{合同期限}}{\text{总资本投入}}} \times \underset{(6)}{\frac{\text{总资本投入}}{\text{合同期限}}} \times \underset{(7)}{\frac{\text{总污染物减排量}}{\text{总资本投入}}} \quad \text{(b)}$$

服务效果不仅包括客观的第三方治理服务产生的经济收益，还包括合同期限内核心利益相关主体的满意度。公式(b)中，比率(3)为局部研究中第三方治理直接绩效的效率：分母——总减排量为治理服务产出，体现了环境功能；分子——总经济效益是治理服务直接绩效之一，这一比率是治理服务效果的货币表现形式，内含了经济与环境效果。单项式(4)——核心利益相关主体满意度是治理服务另一个直接绩效，体现了主体社会功能和治理服务的社会绩效，即服务过程中各利益相关主体(环境服务企业、排污企业、政府相关部门、金融机构、独立绩效评估机构等)的契约关系最优。它与比率(3)结合在一起共同构成第三方治理服务直接绩效。

比率(5)是资本投入的时间效率，体现了治理服务的时间可持续性，即"合同期限"。若单位资本投入所带来的服务时间越长，绩效服务提供方的绩效责任延伸越长。一般来说，合同期限≥服务项目人造资本和自然资本的投资回收期，即总资本投入≥人造资本投入＋自然资本投入，从而可以延长第三方治理服务人力资本的服务时间。

比率(6)是资本投入的增长率(即服务成本规模)。这一比率说明需要控制总资本投入规模，即在合同期内逐年降低自然资本与人造资本的投入，提高人力资本的投入，从而预防类似能源反弹效应，避免污染反弹。

比率(7)是服务的产出效率，是第三方治理服务的过程管理效果之一。分子为第三方治理服务产出，分母为实施第三方治理服务所需的总资本投入。这一比率体现了服务产出（总减排量）效率，其中包括以环境治理设备为代表的自然资本与人造资本投入的技术产出效率，和维持环境治理设备运行能力、监控日常设备使用情况所需的人力资本投入的运营服务效率。

等式(b)左边即为第三方治理服务的绩效反映；等式(b)右边是第三方治理服务绩效内容的展开。因此，第三方治理服务整体绩效影响因素至少包含了服务效果、服务效率、成本规模和合同期这四个方面。

生态经济学广义服务效率公式将第三方治理服务利益相关主体间的合作治理绩效——利益相关主体合作满意度包含在服务绩效公式内，同时论证了第三方治理服务绩效包含服务产出效率、时间（即合同期或效益收益期）、成本规模、产出效果（包括环境、社会、经济三重底线的效果、利益相关主体满意度）四个方面影响因素。这四个方面因素都是作为直接影响因素对第三方治理绩效产生影响，目前还没有将排污企业环境风险预防机制、独立绩效评估机制作为外在影响因素对第三方治理服务绩效进行研究。

因此，本书根据环境污染第三方治理服务市场调研情况，将环境风险预防机制、独立绩效评估机构的参与情况作为外在控制变量，尝试分析两个外在控制变量对绩效测度因素及测度因素各维度关系的调节作用。

第二节　环境污染第三方治理绩效测度指标体系构建

测度指标是反映绩效问题最直观的方式，而指标体系则是多个指标的逻辑集合，是环境污染治理绩效测度的基础和前提。然而，以往还未有专门针对环境污染第三方治理绩效构建测度指标体系。因此，基于生态经济学广义服务效率公式对环境污染第三方治理绩效的分解，本研究将采用前述 PSR 模型构建环境污染第三方治理绩效测度指标体系。

本研究依据 PSR 模型选取了 3 个二级指标，包括治理效率、治理效果、合作满意度。其中，“压力（Pressure）”对应治理效率，是指第三方治理过程效率和效果，包括资本的时间效率（单位资本投入的时间）、服务成本规模（年均固定资本投入）、服务产出效率（单位资本投入污染减排量），大多以经济、减排量来衡量、比较；“状态（State）”对应治理效果，是指第三方治理的直接绩效，包括第三方治理直接绩效的效率（单位减排量的经济产出），也以经济、减排量等客观指标衡量；“响应（Response）”对应合作满意度，是指核心利益相关主体满意度加权平均数（单项式 4）。基于上述分析，本研究仅选择了 5 个三级指标，构建了一套系统、直观的中国环境污染第三方治理绩效测度指标体系（表 2-1）。由于这 5 个指标数据具有较强的可操作性，可适用于我国各环境污染治理领域的第三方治理绩效的测度。

基于生态经济学服务效率分解设定的环境污染第三方治理绩效测度指标体系，在计算时，需要将指标正向和负向进行分类，正向指标的指数越高治理绩效越高，负向指标反之。因此，对于三级指标值进行标准化时，需要注意正、负号的区别。

表 2-1 环境污染第三方治理绩效测度指标体系、标准值与权重

二级指标	权重(%)	三级指标	单位	标准值	权重(%)
治理效率(P)	33.3	单位资本投入的时间	年/万元	最优	11.1
		年均固定资本投入	万元/年	最优	11.1
		单位资本投入污染减排量	吨/万元	最优	11.1
治理效果(S)	33.3	单位减排量的经济产出	万元/吨	最优	33.3
合作满意度(R)	33.3	核心利益相关主体满意度加权平均数	无量纲	0～5	33.3

对于正向指标：

$$t_{ij}=\begin{cases}1 & a_{ij}\geqslant a\\ \dfrac{a_{ij}-a_{\min}}{a-a_{\min}} & a_{ij}<a\end{cases}$$

对于负向指标：

$$t_{ij}=\begin{cases}1 & a_{ij}\leqslant a\\ \dfrac{a_{ij}-a_{\max}}{a-a_{\max}} & a_{ij}>a\end{cases}$$

其中，t_{ij} 为标准值；a_{ij} 为基础数据；$a_{\min}$ 为最小值；$a_{\max}$ 为最大值；a 为平均值；i 为第 i 个项目；j 为第 j 个指标。

同时，笔者认为采用主客观组合赋权发将不同的赋权方法得到的权重进行综合集成，能够有效规避不同赋权方法本身的缺陷，但运算过程较为复杂，因此，本研究采用客观赋权法中的均权法，自上而下对指标进行赋权。具体来说，笔者认为二级指标的重要性相同，即对环境污染第三方治理绩效测度指数的影响相同，分解到三级指标中，得到三级指标不同权重。

因此，本研究构建的环境污染第三方治理绩效测度指数可用测度中国环境污染第三方治理绩效，尤其对政府采购的环境污染第三方治理服务项目进行测度，能够有效衡量我国沿海经济发达省市环境污染第三方治理绩效的差别。然而，这一绩效测度指数的有效性需要通过因果实证检验来证明。为此，本研究对中国环境污染第三方治理绩效测度指标对应的绩效测度因素进行实证研究。首先，提出环境污染第三方治理绩效测度因素的研究假设，并构建环境污染第三方治理绩效测度的理论模型以分析各绩效测度指标对应的绩效测度因素之间的因果关系；其次，采用具有环境污染第三方治理供给主体较集中、具有市场代表性的长三角地区上海市场调研数据对构建的环境污染第三方治理绩效测度理论模型中的研究假设进行实证检验；最后，得出的实证结论对于更好地解释和完善中国环境污染第三方治理绩效测度指标，提供了科学性、有效性的改进建议。

第三章　环境污染第三方治理绩效测度研究假设与理论模型构建

本研究未采用覆盖全国环境污染第三方治理服务项目数据对中国环境污染第三方治理绩效进行直接测度，而是对中国环境污染第三方治理绩效测度指标对应的绩效测度因素及因素之间的影响关系提出研究假设和构建理论模型，从而能更清晰地理解中国环境污染第三方治理绩效测度指标设定的科学性。

第一节　研究假设提出

基于生态经济学对环境污染第三方治理绩效的分解，本部分即为研究假设的提出。

一、基于三重底线的服务效果与直接绩效的关系及假设

生态经济学理论三重底线作为多角度衡量可持续发展治理绩效的方法，包含可持续发展性的三个重要方面：社会效益、经济效益、环境效益。[30—32]这三个方面在某一事物中是可以区分开来，但最终将融合在一起。[31]因为可持续发展的实现与“社会—经济—环境系统”具有全面的关联而不是只注重其中一个方面。[33]三重底线最终被认为是评价事物具有可持续发展性的理论框架，也被应用于第三方治理绩效[31, 33—37]，即环境污染第三方治理的直接绩效——治理效果可用可持续发展标准的三重底线来衡量，对该服务产业具有可持续性促进意义。

因此，本研究根据基于三重底线的可持续发展标准，提出这一标准与治理直接绩效的关系情境，假设如下：

命题 1a：第三方治理服务的经济效果越好，直接绩效越高。

命题 1b：第三方治理服务的社会效果越好，直接绩效越高。

命题 1c：第三方治理服务的环境效果越好，直接绩效越高。

根据生态经济学广义服务效率的公式，经济效果可以单位减排量的经济效益为代表，表示服务的提供和实施所带来的社会经济利益，尤其是第三方治理发展带来的经济增长。

社会效果以核心利益相关主体合作满意度、单位资本投入的合同期长短、运营服务投资比例为代表，表示通过实施服务能够获得长效的环境质量提升使用功能，并且核心利益相关主体合作满意度越高，说明第三方治理服务效益配置越公平。

环境效果以单位资本投入的污染物减排量、设备资本投入比重为代表，表示实施第三方治理服务对资源生产力提高及污染物减排的贡献。

二、核心利益相关主体满意度与合作满意度的关系及假设

在合作满意度测度因素方面，各方核心利益相关主体的满意度与合作满意度之间存在密不可分的因果关系。因此，在操作层面上，处理第三方治理服务中核心利益相关主体之间的合作关系时，第三方治理服务交易需要通过契约形式来实现合作，而政府部门则是通过相关制度来约束排污主体和第三方治理主体，并为第三方治理主体和服务提供政策支持；投融资机构则需要在政策指导下，与第三方治理主体通过相应的经济契约实现合作。本研究基于利益相关主体合作治理理论和多中心合作治理理论，提出第三方治理各利益相关主体满意度与核心利益相关主体合作满意度的关系情境，提出假设如下：

命题 2a：排污主体对服务满意度越高，核心利益相关主体合作满意度越高。

命题 2b：第三方治理主体满意度越高，核心利益相关主体合作满意度越高。

命题 2c：第三方治理服务交易双方满意度越高，核心利益相关主体合作满意度越高。

命题 2d：政府部门对治理服务满意度越高，核心利益相关主体合作满意度越高。

命题 2e:投融资机构对治理服务满意度越高,核心利益相关主体合作满意度越高。

三、过程管理三个方面与过程管理效果之间的关系及假设

在治理效率方面,包括服务产出效率、时间效率、成本规模等方面,其中,服务产出效率是治理效率的主要衡量标准,其与绩效合同完善性共同构成了过程管理效果。而包括合理且有社会责任心的排污主体的减排努力(属于运营管理服务)是过程管理服务效果的重要组成部分。因为环境技术的改进服务没有使用者的配合仍不能获得较好或应有的服务效果。但是对于排污主体进行减排努力的激发、培训、监视和控制的管理运营服务又有可能涉及排污主体工艺流程的保密问题。因此,双方需要进一步完善绩效合同条款内容,在合同中增加保密协议等条款。因此,根据治理服务过程管理内容,第三方治理主体提供服务的过程管理效果可通过治理服务产出效率(包括环境技术减排①效率、运营服务效率)、合同完善性两个维度三个方面来评价。于是,我们提出过程管理内容三个方面与过程管理效果的关系情境,假设如下:

命题 3a:单位资本投入的运营服务减排量产出越高,第三方治理服务过程管理效果越好。

命题 3b:单位资本投入的环境技术减排量产出越高,第三方治理服务过程管理效果越好。

---

① 环境技术减排:包括通过运用先进的环境技术、高效的环境设备,以及对排污主体进行环境治理系统优化获得污染减排效果。

命题 3c:环境服务绩效合同条款内容越具体、详细,第三方治理服务过程管理效果越好。

四、利益相关主体合作满意度对直接绩效的关系及假设

通过基于生态经济学的治理绩效分解,第三方治理绩效测度方法有三重底线分析方法、关键绩效指标测度方法和利益相关主体合作治理效果(即合作满意度)评价方法。因此,根据核心利益相关主体合作满意度测度方法和第三方治理直接绩效测度方法的关系情境,提出假设如下:

命题 4:第三方治理直接绩效与核心利益相关主体合作满意度之间存在影响。

五、过程管理效果与直接绩效和合作满意度的关系及假设

由于环境技术、设备创新而导致环境服务功能创新、商业模式不断变化,传统的、片面的、静止的系统治理绩效测度方法已不能反映第三方治理模式设计的特质,尤其是对纯服务设计过程效果的测度。从第三方治理主体角度,对服务设计过程和实施效果的测度包括:环境效益、经济可行性、技术可行性、政策法律可行性、与现有竞争对手的关系;从排污主体角度,对服务设计和实施效果的测度包括:排污主体期望价值、交易意愿、服务功能偏好。环境污染第三方治理服务的设计过程及效果测度也需要包含双方角度的测度,其测度结果即为第三方治理过程效果。从第三方治理服务设计过程测度中,我们可以看到,第三方治理主体服务过程设计

和实施效果测度与基于三重底线的直接绩效一致；排污主体服务过程设计测度和实施效果测度与政府、投融资机构等主体满意度相关。

因此，考虑到第三方治理包括核心利益相关主体，根据第三方治理模式设计过程和实施效果测度的内容与直接绩效、利益相关主体合作满意度测度的关系情境，我们提出如下假设：

命题 5a：第三方治理过程管理效果越好，第三方治理直接绩效越好。

命题 5b：第三方治理过程管理效果越好，核心利益相关主体合作满意度越高。

六、其他假设

另外，在环境污染第三方治理效率指标对应的测度因素中，成本规模是影响治理过程的重要测度因素。因为环境第三方治理服务项目初期投入成本较高，直接利润从初期到中期看来都非常低，而且看似利于服务经济增长的人造资本(环境设备)过多的投入也会导致排污主体成本、能耗的增加。因此，本研究认为需要控制第三方治理服务中环境设备资本投入占比，对总成本进行控制，于是提出假设如下：

命题 6：第三方治理服务中环境设备资本投入占比对过程管理效果、核心利益相关主体合作满意度、直接绩效之间的关系具有调节作用。

同时，在环境污染第三方治理效率指标对应的测度因素中，时间效率是影响治理过程的另外一个重要测度因素。第三治理服务合同期受环境设备生命周期和环境技术革新的影响,并会对服务过程管理效果和直接绩效产生影响。但一般而言,在保证第三方治理主体收回前期投资前提下,服务合同期中效益分享期越长,贯穿设施、设备整个生命周期(考虑到投资收回期和甲方对于全部效益的拥有,效益分享比例中乙方大于零的分享期小于环境设备的生命周期和环境技术升级换代周期),利益相关主体获得直接效益越大,尤其是运营服务效益越大。因此,提出假设如下:

命题7:第三方治理合同期长短对过程管理效果、核心利益相关主体合作满意度、直接绩效之间的关系具有调节作用。

此外,考虑到环境第三方治理服务越趋于复杂性,其治理绩效不确定性越大,需要有对服务绩效进行独立评估的机制;随着全球气候大环境的变化对城市、企业生态环境影响频次越高,排污主体和第三方治理主体在实施污染治理过程中需要更加注重事前预防机制,即环境风险预防机制,从而保证第三方治理绩效在不确性大、遇突发事件时能够将治理成本降到最低。因此,提出假设如下:

命题8:第三方治理是否有独立绩效评估机制对过程管理效果、核心利益相关主体合作满意度、直接绩效之间的关系具有控制作用。

命题9:第三方治理是否有环境风险预防机制对过程管理效果、核心利益相关主体合作满意度、直接绩效之间的关系具有控制作用。

第二节　假设汇总与模型构建

本研究提出的待检验假设大致可分为两类。(1)探索性假设：是指虽有学者提出过，但没有进行实证研究的假设。本研究的探索性假设是各维度因素测量变量的确定及服务合同期、成本规模、独立绩效评估机制、环境风险预防机制的调节、控制作用的相关假设。(2)验证性假设：是指经过基于特定背景下的实证研究，结合已有学者做过的研究，并得到证实。本研究待检验的验证性假设和调节变量探索性假设如下表 3-1 所示：

表 3-1　待研究假设汇总

假设编号	假设内容	假设类型
H1a	第三方治理服务的经济效果越好，直接绩效越高。	验证性
H1b	第三方治理服务的社会效果越好，直接绩效越高。	验证性
H1c	第三方治理服务的环境效果越好，直接绩效越高。	验证性
H2a	排污主体对服务满意度越高，核心利益相关主体合作满意度越高。	验证性
H2b	第三方治理主体满意度越高，核心利益相关主体合作满意度越高。	验证性
H2c	第三方治理服务交易双方满意度越高，核心利益相关主体合作满意度越高。	验证性
H2d	政府部门对治理服务满意度越高，核心利益相关主体合作满意度越高。	验证性

续 表

假设编号	假设内容	假设类型
H2e	投融资机构对治理服务满意度越高,核心利益相关主体合作满意度越高。	验证性
H3a	单位资本投入的运营服务减排量产出越高,第三方治理服务过程管理效果越好。	验证性
H3b	单位资本投入的环境技术节能量产出越高,第三方治理服务过程管理效果越好。	验证性
H3c	环境服务绩效合同条款内容越具体、详细,第三方治理服务过程管理效果越好。	验证性
H4	第三方治理直接绩效与核心利益相关主体合作满意度存在着显著影响。	验证性
H5a	第三方治理过程管理效果越好,第三方治理直接绩效越好。	验证性
H5b	第三方治理过程管理效果越好,核心利益相关主体合作满意度越高。	验证性
H6	第三方治理服务中环境设备资本投入占比对过程管理效果、核心利益相关主体合作满意度、直接绩效之间的关系具有调节作用。	探索性
H7	第三方治理合同期长短对过程管理效果、核心利益相关主体合作满意度、直接绩效之间的关系具有调节作用。	探索性
H8	第三方治理是否有独立绩效评估机制对过程管理效果、核心利益相关主体合作满意度、直接绩效之间的关系具有控制作用。	探索性
H9	第三方治理是否有环境风险预防机制对过程管理效果、核心利益相关主体合作满意度、直接绩效之间的关系具有控制作用。	探索性

基于上述 6 个层面的 9 大研究假设，本研究提出了基于过程、主体、绩效的环境污染第三方治理绩效测度理论模型（如图 3-1）。

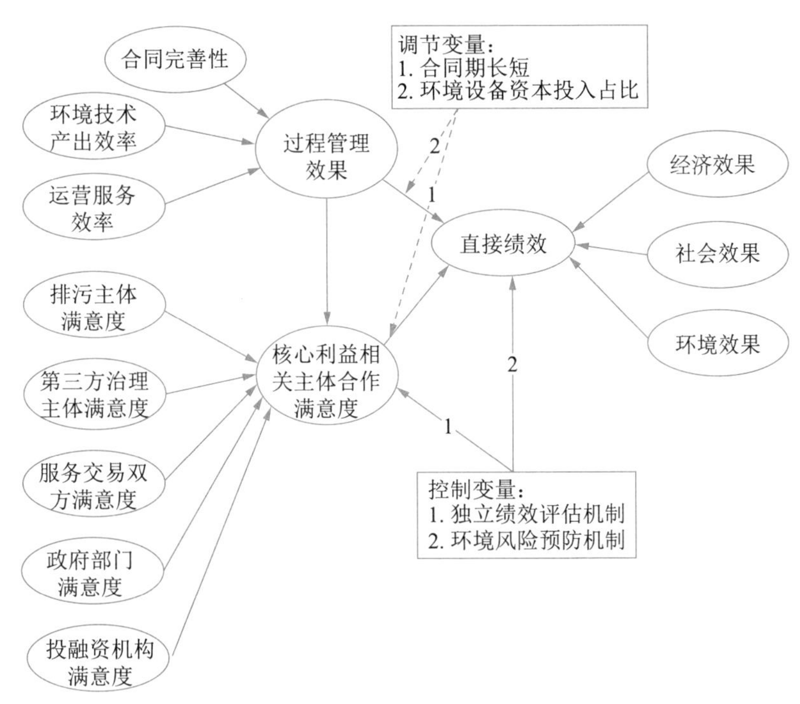

图 3-1　环境污染第三方治理绩效测度理论模型

资料来源：笔者绘制。

第四章　环境污染第三方治理绩效测度理论模型的因子分析及假设检验

本章对第三章构建的环境污染第三方治理绩效测度理论模型的测度因素变量进行定义和测量，并采用具有全国代表性的上海调查问卷数据进行验证性因子分析验证测度因素变量的有效性。

第一节　基于探索性因子分析的小样本检验

在前章提出研究假设和理论模型的基础上，本章主要研究各个变量的具体测量，并确定本研究的最终问卷。本研究首先根据相关学者的研究，设计问卷的初始量表。之后，进行问卷的测试。通过小样本调查，验证调查问卷的可靠性和有效性。本研究采用 CITC 法和 α 信度系数法剔除相关度较低的问项，然后运用因子分析方法确定各个变量的最终问项。之后，根据小样本调查数据分析结果，对问卷的顺序、措辞等内容进行修订，形成最终的调查问卷。

一、问卷设计原则与过程

本研究围绕环境污染第三方治理服务，采用问卷调查和核心利益相关主体访谈的方法来收集所需资料。在问卷设计原则和可靠性方面，马庆国等学者提出了很多有用的建议和方法。[38—39]李怀祖认为，问卷量表的设计包含问卷的格式、问卷项目的语句、理论构思和问卷措词这四个层次；先前的问题不能影响对后续问题的应答；在正式调查前应经过试测的过程等。[40]笔者在问卷设计时对此进行了充分考虑的同时，问卷的问项尽量避免涉及第三方治理服务利益相关主体的隐私，目的是为了提高问卷的真实性。在问卷的设计过程方面，Aaker Kinnear 等认为问卷的设计有五大步骤，[41]如图 4-1 所示。

根据本研究的研究内容及参考 Aaker Kinnear 等问卷设计过程建议，作者将问卷设计流程的五个步骤，概括为三个部分进行分析。

首先，通过相关文献的搜集，寻找与测量变量相关的量表，为变量的测量奠定了基础。本书为方便与现有的研究结论进行有效对比，保持研究的一惯性，通过整理国内外关于环境污染第三方治理服务绩效影响因素和以核心利益相关主体满意度为衡量标准的治理绩效评价重要文献，同时结合上海市环境污染第三方治理服务的实际特点，形成各个变量的初步测量问项。笔者还通过上海社会科学院图书馆电子数据库和相关研究来搜寻相关实证研究中与本研究

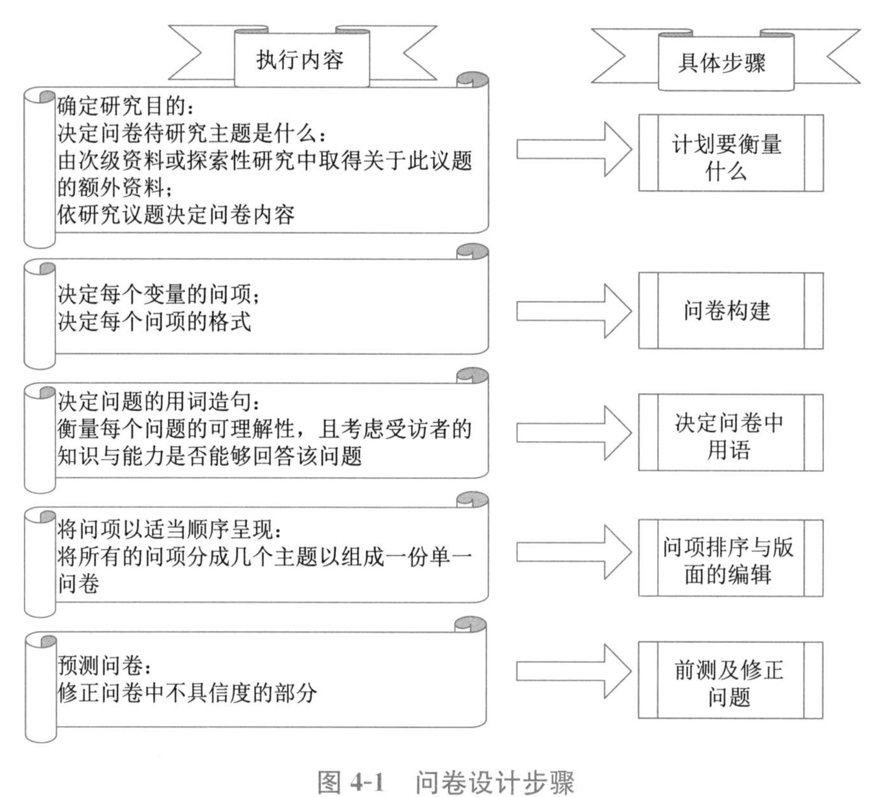

图 4-1　问卷设计步骤

资料来源：作者绘制。

有关的结构变量的操作方式及测量量表，最终得到初步测量的量表。

其次，通过小规模环境污染第三方治理核心利益相关主体访谈，初步形成初始调查问卷。在与学术界、政府专家探讨后，对测量条款的合理性进行了深入讨论；然后与第三方治理主体高管（如上海济德能源环保技术公司项目经理等）进行座谈。通过座谈能分析和讨论问卷的内容，访谈项目主体高管根据他们的工作经验，会对某些变量的条款进行修改和补充，进一步确认各变量选择的合适性，消除了初始问项的不明确之处，这样本问卷的初始测量条款也就形成了。

再次,小样本试测及结果分析。本研究在进行大规模发放调查问卷之前进行了一次试测的分析工作,这是为了能依据小规模调查来收集问卷。如在完成问卷初稿之后,作者通过与从事环境污染第三方治理服务项目经理、专家进行试调查,进一步完善和修改问卷中的问项,使得问项能被调查者理解。在问卷设计完成之后,进行了量表的信度和效度评估,并对问卷量表进行了进一步修改。

本研究对试调查收集到的数据运用数据分析工具 IBM-SPSS(中文版)软件,进行因子分析、信度分析来筛选出所需测量的变量及相关的问项,最终形成正式调查问卷用于大规模发放。

本研究根据回收的资料,检测量表品质,以便于最终的实证分析。

以上问卷设计过程如图 4-2 所示:

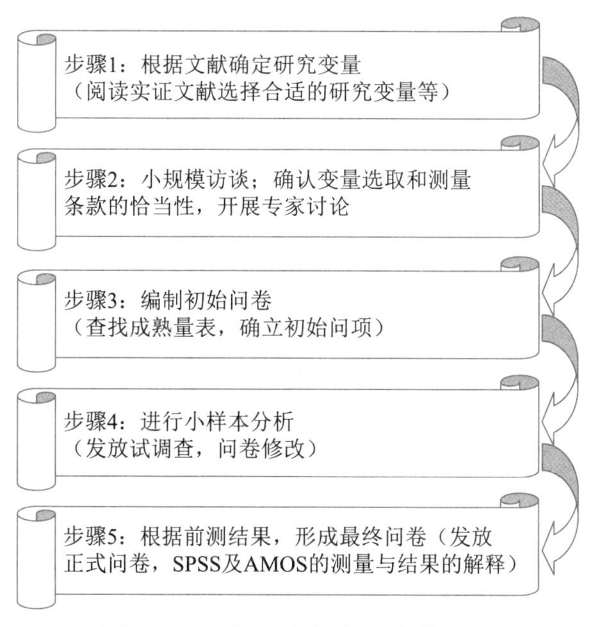

图 4-2　问卷形成与数据收集流程

资料来源:作者绘制。

二、变量定义与测量

确定问卷量表中需要测量的变量，通过前章的研究假设和理论模型，确定包括环境污染第三方治理直接绩效、过程管理效果、核心利益相关主体满意度及合作满意度、调节变量——合同期和设备资本投入比例的定义。

本研究各类变量测量项目的来源主要有四个：一是根据实地访谈结果进行设计，便于与现有的研究结论进行对比分析；二是直接引用文献中已相对成熟的测量项目；三是依据相关理论和文献研究结论分析得来；四是在文献提出的量表基础上，结合本研究的实际情况进行修改得来。由此，本研究各变量的测量条款主要是结合相关理论研究结论和实地访谈结果，在参考现有量表的基础上，进行修改而形成的。

本问卷采取匿名访谈填写的方式，从而可以降低社会称许性①反应偏差的影响；[42]问卷内容前后都对应，通过第二部分一些分类问题，以推测问卷数据的真实性。本研究量表的主要内容包括如下几部分：

（一）环境污染第三方治理直接绩效的定义与测量

本研究认为，根据可持续发展绩效衡量的三重底线，环境污染第三方治理直接绩效主要包括经济效果、社会效果、资源环境效果

---

① 社会称许性，即题目本身的答案反映了一般社会价值倾向，应答者很容易表现出反应偏差，投其所好，按照对题目的社会价值判断而不是自己的实际情况做出回答的倾向。

三个方面的叠加，并有较多的客观测量指标，如污染减排量、污染减排导致的经济效益和环境效益等。为保持其与其他潜在影响因素量纲一致，适用于以后的因子分析与结构分析，在借鉴相关研究和利益相关主体访谈的基础上，本研究采用主观指标来测量影响环境污染第三方治理直接绩效各要素。Chandler 和 Hanks 等人也发现主观绩效与客观绩效在统计上具有显著相关关系，两者在研究的信度和效度上是一致的。[43] 根据三重底线标准，本研究采用了 8 个条款来测量影响环境污染第三方治理直接绩效的各要素。本部分采用 Likert 五点量表，每个题项根据实际情况回答“完全同意”为 5 分，回答“完全不同意”为 1 分，并以此类推。分数越低表明受测者越不同意题项描述内容，反之，分数越高则表明受测者越同意题项描述内容（以下同理）。环境污染第三方治理服务直接绩效初始测量条款如表 4-1 所示：

表 4-1　环境污染第三方治理直接绩效的测量

<table>
<tr><th>序号</th><th>测量问项</th><th>分类</th><th></th></tr>
<tr><td>1</td><td>排污主体单位减排量的经济收益越高，第三方治理服务经济效果越好</td><td rowspan="2">经济效果</td><td rowspan="6">直接绩效</td></tr>
<tr><td>2</td><td>第三方治理过程中运营管理服务经济效果要比环境设备投入的更为重要</td></tr>
<tr><td>3</td><td>第三方治理核心利益相关主体合作满意度越高，社会对第三方治理机制越认可</td><td rowspan="4">社会效果</td></tr>
<tr><td>4</td><td>第三方治理服务的污染减排量越大，越有利于改善服务设施地的生态环境</td></tr>
<tr><td>5</td><td>第三方治理服务单位资本投入的合同期越长，污染物减排的社会示范作用越大</td></tr>
<tr><td>6</td><td>第三方治理过程中运营管理服务资本投入比重越高，社会对环境治理技术服务越认可</td></tr>
</table>

续 表

序号	测量问项	分类	
7	第三方治理服务单位资本投入的污染减排量越大，越有利于改善排污企业环境污染状况	环境效果	直接绩效
8	第三方治理过程中环境设备资本投入比重越低，第三方治理服务对自然资源利用率越高		

资料来源：笔者根据实地调研访谈整理。

（二）核心利益相关主体满意度与合作满意度的定义与测量

从绩效经济和生态经济学广义服务效率公式出发，客观测量指标可用于衡量服务效率，环境污染第三方治理直接绩效除考虑以经济产出、环境产出等为代表服务效率之外，还应包括服务效果、成本、时间三个方面。其中，效果包括多方利益相关主体满意度、合作满意度等社会效果，这些属于主观性的绩效评价指标，也包含主体合作治理的效果。Henning-Thurau 和 Klee 认为“合作关系质量可视为在满足顾客关系需求上的适当程度”。[44] Smith 认为“合作关系质量是包含各种正面关系结果，反映关系人（即利益相关主体）在需求及期望上的满足程度，以及关系的总体强度”。[45] 例如，在环境污染第三方治理服务中，环境质量的改善是排污主体期望从第三方治理服务中最终获得的。因此，在利益相关主体之间通过对服务满意度评价可以反映利益相关主体之间合作关系质量。

本研究根据环境污染第三方治理服务中核心利益相关主体的具体研究情境，借鉴 Garbarino 和 Johnson 等学者关于合作关系质量的观点，[46] 将服务项目中核心利益相关主体对项目的满意度评价总和（即核心利益相关主体合作满意度），视为各主体方对彼此关系的一种整体评价。

因此，本研究根据核心利益相关主体的数量提出利益相关主体满意度评价的初始测量条款有 13 个。由于学者们关于满意度评价的测量量表比较成熟，且各个信度系数都符合要求，依据这些量表，能够最大限度地降低社会称许性偏差造成的影响。核心利益相关主体满意度评价的初始测量条款如表 4-2 所示：

表 4-2　核心利益相关主体满意度的测量

<table>
<tr><th>序号</th><th>测量问项</th><th>分类</th><th rowspan="11">核心利益相关主体合作满意度</th></tr>
<tr><td>1</td><td>排污主体单位产值排污量下降越大，排污主体满意度越高</td><td rowspan="4">排污主体满意度</td></tr>
<tr><td>2</td><td>排污主体缴纳排污费越少，排污主体满意度越高</td></tr>
<tr><td>3</td><td>排污主体获得政府支持减排政策越多，排污主体满意度越高</td></tr>
<tr><td>4</td><td>第三方治理服务对于排污主体负面影响越小，排污主体满意度越高</td></tr>
<tr><td>5</td><td>第三方治理主体获得经济效益越高，第三方治理主体满意度越高</td><td rowspan="4">第三方治理主体满意度</td></tr>
<tr><td>6</td><td>排污主体越积极配合第三方治理主体，第三方治理主体满意度越高</td></tr>
<tr><td>7</td><td>第三方治理融资渠道限制越少，第三方治理主体满意度越高</td></tr>
<tr><td>8</td><td>政府相关部门对第三方治理服务的奖励范围和力度越大，第三方治理主体满意度越高</td></tr>
<tr><td>9</td><td>第三方治理服务单位资本投入的污染减排量越大，服务交易双方满意度越高</td><td rowspan="2">服务交易双方的满意度</td></tr>
<tr><td>10</td><td>第三方治理服务单位资本投入的经济收益越高，服务交易双方满意度越高</td></tr>
</table>

续 表

序号	测量问项	分类	核心利益相关主体合作满意度
11	第三方治理服务环境设备的资本投入越少，服务交易双方满意度越高	服务交易双方的满意度	
12	政府帮助承担部分交易费用越多，第三方治理服务交易双方满意度越高		
13	独立绩效评估结果与合同约定绩效一致性越高，第三方治理服务交易双方满意度越高		

资料来源：Smith, J.,"Brock Buyer-Seller Relationships: Similarity, Relationship Management, and Quality ," *Psychology & Marketing*, 1998, 15(January): 3—21; Garbarino, Ellen and Mark S.Johnson, "The Different Roles of Satisfaction, Trust, and Commitment in Customer Relationships," *Journal of Marketing*, 1999, 63(April):70—87;笔者根据实地调研访谈整理。

（三）环境污染第三方治理服务过程管理效果的定义与测量

环境污染第三方治理服务过程管理效果体现在服务产出效率、合同完善性两个维度上。其中，服务产出效率包括技术产出效率与管理产出效率。技术产出效率是指通过运用环境技术和设备（包括采用先进的环境治理技术、高效污染治理设备等）所能获得污染物减排和资源再利用效果，经济上可用单位人造资本投入的污染减排量产出来衡量；运营服务效率是指通过掌握排污主体排污规律和政府对排污主体的环境政策，制定新的管理制度，规范服务项目中合同各方的行为（尤其是帮助排污主体明确污染排放标准、政策，强化其减排意识）所获得污染减排效果，经济上可用单位人力资本投入的污染减排量产出来衡量。但由于运营服务污染减排产出很难量化，因此，可将环境治理服务总产出效率（一般在环境技术服务结束后设备正常运行一个生产周期①后的服务产出效率)与环境技术产出效率的客观数据进行比较,得出运营服务产出效率。

Nguyen 对合同(契约)的规范性进行了分析,他认为规范的合同使员工遵守公司同客户签订的保护客户的知识产权保密协议及其他协议。[47]因此,在服务过程管理中签订多方完善的契约协议能使核心利益相关主体更好参与环境污染第三方治理服务项目的整个过程。通过多方认可的合同,将各方所需承担的任务和职责进行明确且详细的规定,使多方行为的可预测性增加,风险降低,彼此互信程度增加,从而提高过程管理效率。Saitousinn 认为合同(契约)的完善性加深了合同各方的信任度,这对提升节能减排服务中利益相关主体的合作绩效具有重要的意义。[48]

因此,本研究将环境污染第三方治理服务过程管理效果定义为项目的服务总产出效率(包括运营服务产出效率、环境技术产出效率)与合同完善性,并提出过程管理效果评价的初始测量条款共 3 个,如表 4-3 所示。

(四) 调节、控制变量的定义和测量

1. 成本规模和合同期

成本规模和合同期则是指环境污染第三方治理服务的总资本投入及分配情况、具有第三方治理服务企业分享比例大于零的合同期限。这两项变量在服务过程管理中具有调节作用。运用生态经济学广义服务效率公式,服务项目总资本投入,即成本规模包括自

---

① 环境设备运行一个生产周期是指环境设备输出功率最大值到最小值的时间,其间的总污染减排量与总资本投入数据都可用污染物浓度检测仪器与现金流测得。

表 4-3 治理服务过程管理效果的测量

序号	测量问项	分类	
1	第三方治理过程中运营管理服务减排量越高，过程管理效果越好	服务总产出效率	过程管理效果
2	第三方治理过程中环境技术服务减排量越高，过程管理效果越好		
3	第三方治理绩效合同条款越完善，过程管理效果越好	合同完善性	

资料来源：Saitousinn，合同完善性与合同各方信任度的实证研究[EB/OB] http://www.shef.ac.uk/~ibberson/qfd/html.2011 年 9 月 28 日；Byungun Yoon, Sojung Kim, Jongtae Rhee, An Evaluation Method for Designing A New Product-service System, *Expert Systems with Applications*. 2012 (39)：3100—3108；笔者根据实地调研访谈整理。

然资本、人造资本、人力资本三部分，为防止反弹效应，自然资本、人造资本投入应不断减少。因此，本研究采用环境设备资本投入比例来衡量服务项目总资本投入的控制程度，从而分析不同设备资本投入比例对服务过程管理效果、利益相关主体满意度和合作满意度以及直接绩效的影响。根据实地调研，本研究将设备资本投入比例分为五档：0%、1%～20%、21%～50%、51%～80%、81%～90%。

而在合同期内，由于环境污染第三方治理服务主体有持续分享服务效益的约定，因此势必会促使其延长服务的提供时间，但合同期的延长可能会降低排污主体利益相关主体的满意度。所以，有必要评价合同期长短对服务项目过程管理效果、利益相关主体满意度和合作满意度、直接绩效之间关系的影响。同样根据现有政策和实地调研情况，本研究将环境第三方治理服务合同期分为：1～2 年、2～5 年、5～10 年、10 年以上四种类型。

2. 独立绩效评估机制和环境风险预防机制

本研究认为,环境污染第三方治理服务绩效除受到核心利益相关主体合作满意度和过程管理效果各维度要素影响之外,还可能受到服务环境风险预防机制、独立绩效评估机制等因素的影响。因此,本研究认为有必要引入这两个控制变量。根据实践调研的情况,这两个控制变量也是分类变量,设计在问卷的第1部分。其中,环境污染第三方治理服务是否有环境风险预防机制分为是与否两类,第三方治理服务是否独立绩效评估机制分为是与否两类。

三、样本数据的收集和检验分析

本研究样本数据用于实证环境污染第三方治理绩效测度理论模型的数据,选择采用上海地区环境污染第三方治理市场的数据,其原因在于:上海市排污企业在20世纪90年代就引入第三方治污模式,属于全国引入环境污染第三方治理模式较早地区,在第三方治污服务项目经验和数据积累上具有先进性和便于获得等优势,且上海地处我国沿海经济发达地区中部,地区200多家环境服务企事业单位涵盖了水、大气、固废、危废、放射性废物和其他污染治理领域,基本覆盖我国七大环境服务领域,尤其是北方地区突出的大气污染治理服务和南方地区突出的水污染治理服务,以及全国范围内普遍需求的生活和工业固废治理服务。因此,采用上海地方数据来实证我国环境污染第三方治理绩效测度理论模型具有一定的代表性和普适性。

本样本调研于2019年在上海市开展,根据从有关部门(上海市环境保护工业行业协会)获取的上海市环境污染第三方治理服务项目名录,以服务核心利益相关主体确定调研名单。按照样本全覆盖的原则选取了调查对象,主要是服务项目主管(即服务购买方和使用方)、投融资机构、政府、独立绩效评估机构等。小样本调查共发放问卷 30 份,回收有效问卷 30 份;大样本调查共发放问卷 120 份,回收问卷 83 份,然后,对问卷的有效性进行检测,目的是将无效问卷予以删除,共收到 83 份有效问卷。

（一）样本数据描述

调查问卷中的各变量测量条款的偏态、均值标准差和峰度等描述性统计量详见附录 A(小样本数据的描述性统计和正态分布性)、附录 B(大样本数据的描述性统计和正态分布性)。大多数学者指出当偏度绝对值小于 3,峰度绝对值小于 10 时,表明该样本基本上服从正态分布。[49]从附录 A、附录 B 可以看出,偏度绝对值都小于 2,峰度绝对值均小于 5。可以说各测量条款的值基本上服从正态性分布,说明可以进行下一步分析。

（二）小样本检验的程序与标准

在大规模发放问卷和收集数据之前,为了能提高问卷的效度与信度,本研究进行了问卷试测(pretest),对要进行问卷的小样本进行预检验。在试测阶段,本研究主要从信度分析和探索性因子分析(EFA)两个方面对测量问项进行筛选。其中,探索性因子分析主要是确定量表的基本构成与问项。试测分析目的是要得到精简的、有效的变量测量量表;信度分析主要是用来精简问卷,删除对测量变量毫无贡献的问卷项目,目的是为了能增进每个测量变量的信度。具体步骤如下：

第一，对各潜变量的测量条款进行净化，剔除信度较低的条款。本研究以 CITC 等于 0.3 作为净化测量条款的标准。并利用 α 信度系数法（简称 α 系数）检验各测量条款的信度。如果删除某个条款，α 系数会增大的话，则表示可以删除该条款。在测量条款净化前后，都应该重新计算 α 系数。在探索性研究中，内部一致性系数可以小于 0.7，但应大于 0.6；Peter 指出，问项数量小于 6 个时，内部一致性系数大于 0.6，说明信度符合要求。[50]

第二，对所有变量的测量条款进行净化后，应该对样本进行 KMO 样本充分性测度和巴特利特球体检验，目的是判断是否可以进行因子分析。本研究认为 0.5 以下，不适合；0.5～0.6，很勉强；0.6～0.7，基本适合；0.7～0.8，适合；0.8～0.9，很适合；KMO 在 0.9 以上，非常适合。

第三，对所有变量进行探索性因子分析。本研究利用主成分方法进行 EFA，并结合最大方差法进行分析。之后，在因子个数的选择方面，采用特征值大于 1 作为选择的标准。

（三）小样本量表的检验

对模型中各变量，按照上述的分析方法进行数据分析，具体的分析结果如下：

1. 三重底线直接绩效量表的 CITC 和信度分析

本研究首先采用 CITC 法和 α 信度系数法来净化量表的测量条款，因为基于三重底线的直接绩效各维度要素测量变量较少。本书将服务直接绩效三个维度要素放在一起进行净化。从表 4-4 中显示的信息可以看出，三重底线直接绩效的 8 个初始测量条款的 CITC 都大于 0.3，且三重底线直接绩效整体信度系数为 0.826①。

表 4-4 三重底线直接绩效的 CITC 和信度分析

项目	初始 CITC 指数	删除该项目后的 α 系数	α 系数
Z1	0.476	0.818	初始（最终）α=0.826
Z2	0.605	0.801	
Z3	0.418	0.825	
Z4	0.511	0.814	
Z5	0.757	0.776	
Z6	0.551	0.809	
Z7	0.556	0.808	
Z8	0.538	0.810	

其次，对于三重底线直接绩效测量变量进行 EFA，对测量条款的 KMO 值和巴特利特球体进行显著性检验。具体结果如表 4-5 所示，KMO 值为 0.501 大于 0.5，且巴特利特显著性概率值 $p=0.000<0.05$，达到显著水平，拒绝相关矩阵不是单元矩阵的假设，

表 4-5 KMO 样本测度和巴特利特球体检验结果

KMO 值		0.501
巴特利特球体检验	卡方值	36.399
	自由度	6
	显著性概率	0.000

① 基于标准化项的 α 系数。

表示数据文件适合进行因子分析。

2. 核心利益相关主体满意度量表的CITC和信度分析

本研究对于核心利益相关主体满意度分3个维度进行净化、测量,具体操作如下:

(1) 首先,采用CITC法和α信度系数法来净化排污主体满意度量表的测量条款。从表4-6中显示的信息可以看出,排污主体满意度量表的4个初始测量条款的CITC,都大于0.3,且排污主体满意度量表整体信度系数变为0.840,大于0.7,说明该量表完全符合研究的要求。

表4-6　排污主体满意度测量条款的CITC和信度分析

项目	初始(最终)CITC指数	删除该项目后的α系数	α系数
Y1	0.664	0.796	初始(最终)α=0.840
Y2	0.687	0.788	
Y3	0.701	0.783	

其次,对于排污主体满意度测量变量进行EFA,对测量条款的KMO值和巴特利特球体进行显著性检验。具体结果如表4-7所示,KMO值为0.768>0.6,因子分析效度适合,且巴特利特显著性

表4-7　KMO样本测度和巴特利特球体检验结果

KMO值		0.768
巴特利特球体检验	卡方值	132.180
	自由度	6
	显著性概率	0.000

概率值 p=0.000<0.05,达到显著水平,拒绝相关矩阵不是单元矩阵的假设,表示数据文件适合进行因子分析。

(2) 首先,采用 CITC 法和 α 信度系数法来净化第三方治理主体满意度量表的测量条款。表 4-8 显示,第三方治理主体满意度的 4 个初始测量条款的 CITC 都大于 0.3,且第三方治理主体满意度测量条款整体信度系数为 0.885。

表 4-8 第三方治理主体满意度测量条款的 CITC 和信度分析

项目	初始(最终)CITC 指数	删除该项目后的 α 系数	α 系数
Y5	0.712	0.856	初始(最终)α=0.885
Y6	0.860	0.802	
Y7	0.728	0.857	
Y8	0.695	0.864	

其次,对于这 5 个第三方治理主体满意度测量变量进行 EFA,对测量条款的 KMO 值和巴特利特球体进行显著性检验。具体结果如表 4-9 所示,KMO 值为 0.807,说明因子分析的效度基本适合,且巴特利特显著性概率值 p=0.000<0.05,达到显著水平,拒绝相关矩阵不是单元矩阵的假设,表示数据文件适合进行因子分析。

表 4-9 KMO 样本测度和巴特利特球体检验结果

KMO 值		0.807
巴特利特球体检验	卡方值	186.589
	自由度	6
	显著性概率	0.000

(3) 首先,采用CITC法和α信度系数法来净化环境污染第三方治理服务交易双方满意度量表的测量条款。表4-10显示:第三方治理服务交易双方满意度的5个初始测量条款的CITC都大于0.3,但是Y11条款CITC的平方小于0.3,且删除该条款,α信度系数会增大,净化后排污主体满意度量表整体信度系数变为0.889,大于0.7,说明该量表完全符合研究的要求。

表4-10　第三方治理服务交易双方满意度测量条款的CITC和信度分析

项目	初始CITC指数	最终CITC指数	删除该项目后的α系数	α系数
Y9	0.675	0.699	0.880	初始α=0.870 最终α=0.889
Y10	0.814	0.828	0.831	
Y11	0.496	删除	0.890	
Y12	0.682	0.690	0.884	
Y13	0.772	0.822	0.834	

其次,对于保留下来的4个第三方治理主体满意度测量变量进行EFA,对测量条款的KMO值和巴特利特球体进行显著性检验。具体结果如表4-11所示,KMO值为0.796,说明因子分析的效度基本适合,且巴特利特显著性概率值 $p=0.000<0.05$,达到显著水平,

表4-11　KMO样本测度和巴特利特球体检验结果

KMO值		0.796
巴特利特球体检验	卡方值	197.722
	自由度	6
	显著性概率	0.000

拒绝相关矩阵不是单元矩阵的假设，表示数据文件适合进行因子分析。

(4) 由于其他两个维度核心利益相关主体(政府、投融资机构)的满意度测量条款较少，因此，首先采用CITC法和α信度系数法来整体净化这两个维度满意度量表的测量条款。表4-12显示，两个维度满意度量表的4个初始测量条款的CITC都大于0.3，且整体信度系数变为0.885，大于0.7，说明该量表完全符合研究的要求。

表4-12 其他维度满意度测量条款的CITC和信度分析

项目	初始(最终)CITC指数	删除该项目后的α系数	α系数
Y16	0.728	0.853	初始(最终) α=0.885
Y17	0.769	0.833	
Y19	0.684	0.875	
Y20	0.806	0.817	

其次，对于这两个维度满意度的测量变量进行EFA，对测量条款的KMO值和巴特利特球体进行显著性检验。具体结果如表4-13所示，KMO值为0.743，虽然大于0.7，说明因子分析的效度较好，且巴特利特显著性概率值 $p=0.000<0.05$，达到显著水平，拒绝

表4-13 KMO样本测度和巴特利特球体检验结果

KMO值		0.743
巴特利特球体检验	卡方值	207.117
	自由度	6
	显著性概率	0.000

相关矩阵不是单元矩阵的假设，表示数据文件适合进行因子分析。

3. 过程管理效果量表的 CITC 和信度分析

首先，采用 CITC 法和 α 信度系数法来净化量表的测量条款，由于过程管理效果测量变量也较少，因此，净化后从表 4-14 显示的信息可以看出，过程管理效果的 3 个初始测量条款的 CITC，都大于 0.3，且过程管理效果量表整体信度系数变为 0.716，大于 0.7，该量表符合研究的要求。

表 4-14　过程管理效果的 CITC 和信度分析

项目	初始(最终)CITC 指数	删除该项目后的 α 系数	α 系数
X1	0.595	0.478	初始(最终) α=0.716
X2	0.413	0.768	
X3	0.551	0.557	

其次，对于这 2 个过程管理效果测量变量也进行 EFA，对测量条款的 KMO 值和巴特利特球体进行显著性检验。具体结果如表 4-15 所示，KMO 值为 0.500，说明因子分析的勉强可以，且巴特利特显著性概率值 $p=0.000<0.05$，达到显著水平，拒绝相关矩阵不是单元矩阵的假设，表示数据文件适合进行因子分析。

表 4-15　KMO 样本测度和巴特利特球体检验结果

KMO 值		0.500
巴特利特球体检验	卡方值	40.410
	自由度	1
	显著性概率	0.000

第二节　基于验证性因子分析的大样本检验

本研究运用结构方程统计软件（IBM-AMOS22），主要对测量方程的大样本进行了验证性因子分析，以评估各测量条款的信度和效度及验证相关假设。

一、验证性因子分析的步骤

基于结构方程的验证性因子分析主要步骤包括：模型设定、模型识别、参数估计、模型评价及模型修正。本研究中相关指标的数值范围以及理想数值如表 4-16 所示：

表 4-16　模型拟合相关指标及数值范围

拟合指数	统计检验量	适配的标准或临界值
绝对拟合指数	χ^2 值	显著性概率值 p＞0.05（未达显著水平）
	NC 值（χ^2/df）	1＜NC＜3，表示模型有简约适配程度 NC＞5，表示模型需要修正
	GFI 值	＞0.90 以上
	RMSEA 值	＜0.05（适配良好）＜0.08（适配合理）
相对拟合指数	NFI 值	＞0.90 以上
	IFI 值	＞0.90 以上
	CFI 值	＞0.90 以上

资料来源：转引自吴明隆：《结构方程模型——AMOS 的操作与应用（第 2 版）》，重庆大学出版社 2010 年版，第 52 页。

二、验证性因子分析的评估指标

Bollen 认为除了要对模型整体拟合程度的评估以外，还应该评估测量变量与潜在变量的信度、估计参数、效度的显著水平。其中，信度评估主要从个别指标信度评估和因子组合信度评估来进行；测量因子效度是指测量工具能真正测得研究人员所想要衡量事物的程度，如果效度高，则表示测量的结果能显现出研究人员所欲测量事物的真正特征。[51]对测量方程效度的检验一般要考察准则效度、聚合效度、内容效度和区分效度。

其中，内容效度是指测量工具内容的适合性。变量测量的内容效度评价，一般都要通过访谈方法和文献分析来对测量项目的代表性和综合性进行评估。本研究对测量项目的内容效度，也采用了上面的两种方法进行控制。本研究所有变量测量项目的设置，以循环经济理论、生态经济学服务效率理论、绩效经济理论、利益相关主体合作治理理论以及可持续发展系统研究方法论为基础，均是参考了相关的研究文献，直接对已有的量表进行修正后采用的。在没有合适的量表直接采用时，本研究则根据概念定义，结合实际问题的研究背景来进行问项设置。之后，在文献综述的基础上，通过预测试的方式，收集相关人员的反馈和评价，然后对问题的表述、设置等方面进行了适当的修正。因此，本研究的各个变量都已经具有了一定程度的内容效度，在下面的分析中就不再个别讨论。

本研究中的准则效度包括预测（predivitive）效度和同时（concurrent）效度，它们主要是指衡量工具是否足以显示所要测量变量的特质。本研究在问卷的条款设计上,大多数测量条款都参考已有的相关研究。另外,在问卷实际发放前,作者先开展了小规模访谈,进行了问卷测量条款的评估,这样做的目的首先是为了验证问项是否合适,其次验证问项与研究变量间的关联性,之后才进行问卷的正式调研。从以上分析可以看出,本研究已经具有一定的准则效度,在下面的分析中就不再具体讨论。

三、变量的验证性因子分析

(一)直接绩效的验证性因子分析

在上一节的探索性因子分析中,基于三重底线的环境污染第三

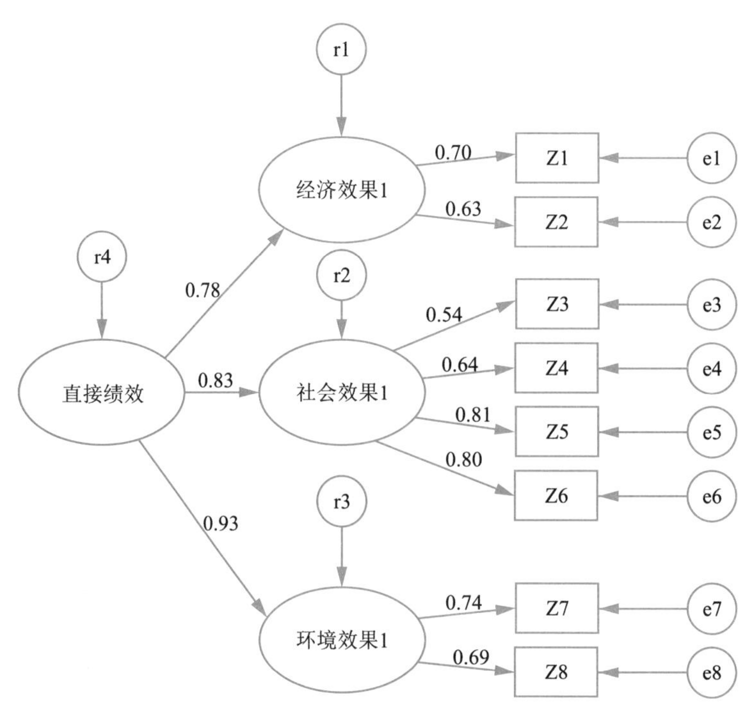

图 4-3 直接绩效的验证性因子分析

方治理直接绩效是三维度测量变量，经过净化相关条款后，仍有 8 个测量项目。基于这一模式，本节再对基于三重底线的直接绩效的测量进行验证性因子分析。如图 4-3 所示：

运用 IBM-AMOS22 软件，基于极大似然（ML）参数估计法，验证性因子分析的信度和效度分析结果如表 4-17 所示：

表 4-17　基于三重底线的直接绩效测量模型参数估计

潜变量	潜变量测量条款	标准化系数（R^2）	C.R.（t 值）	P	组合信度	平均变异数抽取量 ρ_Y
三重底线直接绩效	经济效果	0.783			0.885 3	0.721 1
	社会效果	0.829	8.068	***		
	环境效果	0.929	8.439	***		
经济效果	z1(Z1)	0.702			0.612	0.441 7
	z2(Z2)	0.625	5.247	***		
社会效果	z3(Z3)	0.543			0.796 1	0.500 2
	z4(Z4)	0.644	4.332	***		
	z5(Z5)	0.807	4.908	***		
	z6(Z6)	0.800	4.888	***		
环境效果	z7(Z7)	0.738			0.673 1	0.507 6
	z8(Z8)	0.686	6.616	***		

核心利益相关主体合作满意度拟合优度指数（效度分析）：$\chi^2=49.234$　df=17　P=0.285

χ^2/df	GFI	NFI	IFI	CFI	RMSEA
2.896	0.971	0.951	0.997	0.994	0.015

注：未列 t 值者是限制估计参数，为参照指标。*** 代表 P<0.01，** 表示 P<0.05，下同。

三维度直接绩效测量模型是一个二阶验证性因子分析模型，通过以上因子分析，并经过模型修正，可以得到以下结果：

首先，从前3个高阶变量的信度指标看，高阶变量指标的标准化负荷均在0.7以上，且具有较高的显著水平。后面8个测量指标（z变量）标准化系数均大于0.5，表示观察变量信度值尚佳。这些测量指标变量均能有效反映其相应的潜在变量所包含的因素构念。

其次，高阶潜变量核心利益相关主体合作满意度的组合信度为0.721 1，大于0.6的可接受标准，表明测量条款的整体信度以及内部一致性较高。同时，平均变异数抽取量ρ_Y为0.885 3大于0.5，也具有较好的聚合效度。

最后，从模型的拟合效果来看，所有的高阶潜变量拟合优度指标都基本达到要求。从表4-17可以看出，$\chi^2/df=2.896$，不仅远小于指标值5，也小于更严格的指标值3，同时$P=0.285>0.05$，未达到显著水平，这表明测量模型的协方差矩阵与实证资料的协方差矩阵之间没有显著性的差异存在，数据质量较好。从绝对拟合指标来看，GFI＝0.971＞0.90，RMSEA＝0.015（＜0.10，适配良好）；从相对拟合指标看，NFI＝0.951，IFI＝0.997，CFI＝0.994，均大于0.9。因此，从整体上看，因子模型拟合较好，可以接受。

（二）过程管理效果的验证性因子分析

在上一节的探索性因子分析中，环境污染第三方治理服务过程管理效果是单维度，共包含3个测量项目。基于这一模式，本节再对服务过程管理效果的测量进行验证性因子分析。如图4-4所示：

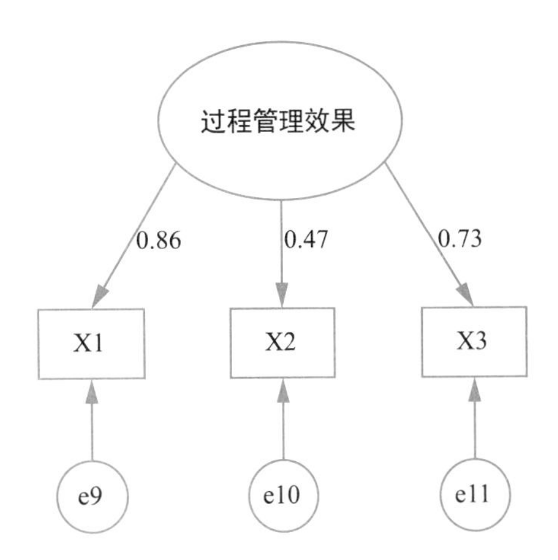

图 4-4　过程管理效果的验证性因子分析

运用 IBM-AMOS22 软件，基于极大似然（ML）参数估计法，验证性因子分析的信度和效度分析结果如表 4-18 所示：

表 4-18　服务过程管理效果测量模型参数估计

潜变量	测量条款	标准化系数（R^2）	C.R.（t 值）	P	组合信度	平均变异数抽取量 ρ_x
过程管理效果	x1(X1)	0.861				
	x2(X2)	0.466	3.686	***	0.689 7	0.362 5
	x3(X3)	0.729	3.811	***		
拟合优度指数(效度分析)：$\chi^2=0$　df=0　P 无法计算						
χ^2/df	GFI	NFI	IFI	CFI	RMSEA	
0	1.000	1.000	1.000	1.000	—	

通过以上因子分析，可以得到以下结果：

由于测量变量较少仅 3 个，待估参数个数与协方差矩阵中独特元素数量相同为 6 个，$\chi^2=0$，自由度为 0，此局部模型为饱和模型即完美模型。其中未知参数刚好能估计，饱和模型的绝对拟合优度指标和相对拟合优度达到最优，因此，因子模型完全拟合，可以接受。

（三）核心利益相关主体满意度与合作满意度的验证性因子分析

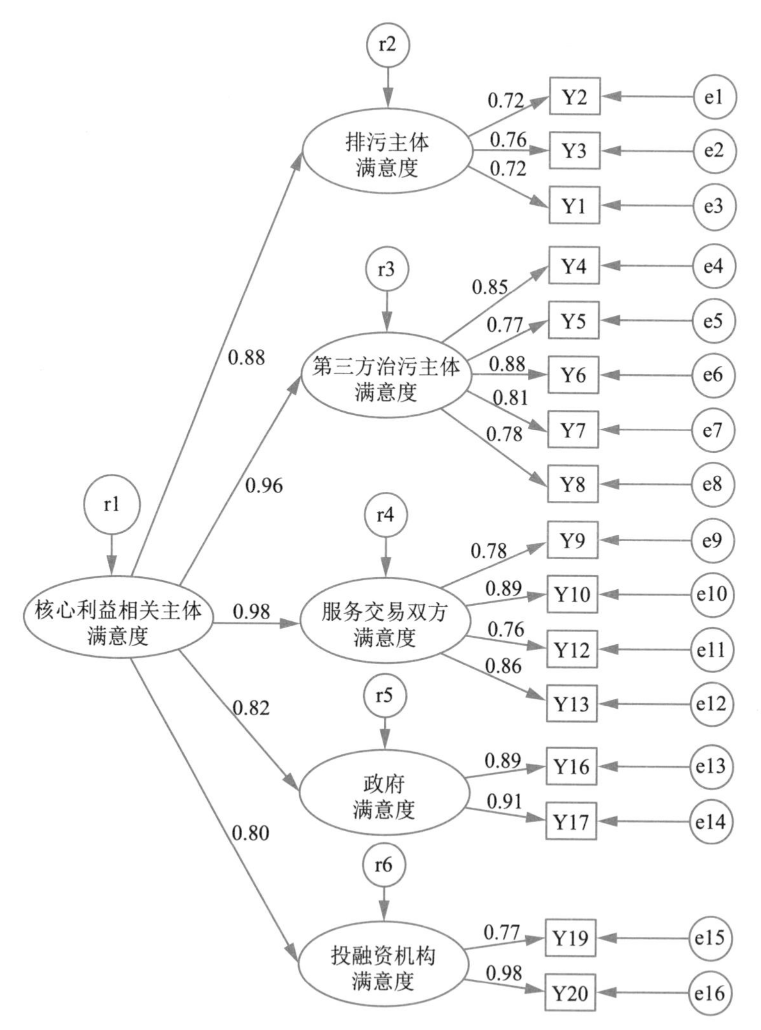

图 4-5　核心利益相关主体满意度与合作满意度的验证性因子分析

在上一节的探索性因子分析中，环境污染第三方治理服务核心利益相关主体满意度分为五个维度的利益相关主体满意度，经过净化相关条款后，还剩 16 个测量项目。基于这一模式，本节再对多维度核心利益相关主体满意度与合作满意度的测量进行验证性因子分析。如图 4-5 所示：

运用 IBM-AMOS22 软件，基于极大似然（ML）参数估计法，验证性因子分析的信度和效度分析结果如表 4-19 所示：

表 4-19　三维度核心利益相关主体测量模型参数估计

潜变量	潜变量测量条款	标准化系数（R^2）	C.R.（t 值）	P	组合信度	平均变异数抽取量 ρ_Y
核心利益相关主体合作满意度	排污主体满意度	0.879			0.951	0.796 2
	第三方治理主体满意度	0.960	6.317	***		
	服务交易双方满意度	0.983	6.033	***		
	政府满意度	0.821	5.796	***		
	投融资机构满意度	0.804	5.053	***		
排污主体满意度	y1(Y1)	0.723		***	0.777 8	0.538 6
	y2(Y2)	0.720	5.975	***		
	y3(Y3)	0.758	6.237	***		
第三方治理主体满意度	y4(Y4)	0.847			0.911 1	0.672 5
	y5(Y5)	0.767	8.350	***		
	y6(Y6)	0.883	10.534	***		
	y7(Y7)	0.814	9.161	***		
	y8(Y8)	0.784	8.632	***		

续 表

潜变量	潜变量测量条款	标准化系数(R^2)	C.R.(t值)	P	组合信度	平均变异数抽取量 ρ_Y
服务交易双方满意度	y9(Y9)	0.784			0.895 3	0.682 2
	y10(Y10)	0.888	9.197	***		
	y11(Y12)	0.762	7.530	***		
	y12(Y13)	0.863	8.848	***		
政府满意度	y13(Y16)	0.892			0.897 3	0.813 7
	y14(Y17)	0.912	10.623	***		
投融资机构满意度	y15(Y19)	0.773			0.873 6	0.778
	y16(Y20)	0.979	8.333	***		
核心利益相关主体合作满意度拟合优度指数(效度分析):χ^2=255.288 df=99 P=0.000						
χ^2/df	GFI	NFI	IFI	CFI	RMSEA	
2.579	0.740	0.797	0.865	0.862	0.139	

三维度核心利益相关主体合作满意度测量模型是一个二阶验证性因子分析模型,通过以上因子分析,并经过模型修正,可以得到以下结果:

首先,从前3个高阶变量的信度指标看,高阶变量指标的标准化负荷均在0.7以上,且具有较高的显著水平。后面16个测量指标(y变量)标准化系数均大于0.5,表示观察变量信度值尚佳。这些测量指标变量均能有效反映其相应的潜在变量所包含的因素构念。

其次,高阶潜变量核心利益相关主体合作满意度的组合信度为0.951,远大于0.6的可接受标准,表明测量条款的整体信度以及内部一致性较高。同时,平均变异数抽取量 ρ_Y 为 0.796 2 大于 0.5,也具有较好的聚合效度。

最后,从模型的拟合效果来看,所有的高阶潜变量拟合优度指标都基本达到要求。从上表 4-19 可以看出,χ^2/df=2.579,不仅远小于指标值 5,也小于更严格的指标值 3,同时 P=0.000<0.05,达到显著水平,这表明测量模型的协方差矩阵与实证资料的协方差矩阵之间有显著性的差异存在,数据质量有待提高。从绝对拟合指标来看,GFI=0.740<0.9, RMSEA=0.139(>0.10,适配欠佳);从相对拟合指标看,NFI=0.797, IFI=0.865, CFI=0.862,均小于 0.9,但接近 0.9,因此,从整体上看,因子模型拟合欠佳,但可以接受。

四、验证性结果与相关假设检验

本研究对验证性因子分析中得出的假设关系成立的检验标准是:如果标准化系数大于 0.5,那么假设就成立;如果标准化系数大于 0.1,假设部分成立。根据上述标准,3 个验证性因子模型验证了理论模型中的以下假设(见表 4-20):

表 4-20 验证性因子分析假设检验

假设编号	假设内容	验证结果(支持/不支持)
H1a	第三方治理服务的经济效果越好,直接绩效越高。	支持
H1b	第三方治理服务的社会效果越好,直接绩效越高。	支持
H1c	第三方治理服务的环境效果越好,直接绩效越高。	支持

续 表

假设编号	假 设 内 容	验证结果（支持/不支持）
H2a	排污主体对服务满意度越高，核心利益相关主体合作满意度越高。	支持
H2b	第三方治理主体满意度越高，核心利益相关主体合作满意度越高。	支持
H2c	第三方治理服务交易双方满意度越高，核心利益相关主体合作满意度越高。	支持
H2d	政府部门对治理服务满意度越高，核心利益相关主体合作满意度越高。	支持
H2e	投融资机构对治理服务满意度越高，核心利益相关主体合作满意度越高	支持
H3a	单位资本投入的运营服务减排量产出越高，第三方治理服务过程管理效果越好。	支持
H3b	单位资本投入的环境技术节能量产出越高，第三方治理服务过程管理效果越好。	支持
H3c	环境服务绩效合同条款内容越具体、详细，第三方治理服务过程管理效果越好。	支持

第五章　基于结构方程模型的环境污染第三方治理绩效测度理论假设检验

本章在环境污染第三方治理服务绩效测度变量有效性检验的基础上，采用上海调查问卷数据对环境污染第三方治理绩效测度理论模型的研究假设进行实证检验。首先，排除了调节和控制变量这两项过程测度变量对中介变量——合作满意度、因变量——治理效果的影响；其次，对中介变量相关研究假设进行了验证；再次，基于结构方程模型对环境污染第三方治理绩效测度理论模型的研究假设进行实证检验，检验通过了大部分研究假设。

第一节　调节、控制变量的影响分析

本研究认为中介变量和因变量除了受到自变量的影响之外，还会受到调节、控制变量的影响。本研究的调节变量有2个，分别是服务项目环境治理设备资本投入比例，治理服务合同期；控制变量有2个，分别为治理绩效独立评估机制、环境治理风险预防机制。这些调节、控制变量也是采用量表测量，属于分类变量。本研究通过方差分析检验调节、控制变量对中介变量和结果变量的影响，决定后面的假设分析中是否需要进一步考虑。[52]

除了调节、控制变量外，本研究其余变量均是不可直接观测的潜变量，而且控制变量样本数量有限，所以需要对研究模型中的中介变量和结果变量分别进行赋值。通用的赋值方法是采用因子分析方法和通过采用均值的方法，直接计算控制变量的计算值。其中，因子分析方法是计算它们的因子值作为潜变量的计算值。在相关分析中，一般采用的是均值的方法，本研究也采取均值这一方法。

一、项目设备资本投入比例对直接绩效的影响

对于环境治理设备资本投入比例的测量，本研究将此比例分成5类即5级量表，主要采用单因素方差分析方法进行分析，判断设备资本投入比例高低对环境污染第三方治理直接绩效的影响是否有显著性差异，如表5-1所示：

从表5-1可以看出，研究中所调查的项目，在置信度为95％的水平上，设备资本投入比例对直接绩效不存在显著影响。方差同质性检验结果表明，P＝0.605＞0.05，表示被调查的环境第三方治理设备资本投入比例样本的方差具有同质性；且方差分析显著性概率P＝0.158＞0.05，4类变量的各组均值不存在显著的差异，即设备

资本投入比例对直接绩效不存在显著的影响。

表 5-1　设备资本投入比例对直接绩效影响的方差分析

	环境设备资本投入比例分类	样本数	均值	方差同质性检验		方差分析	
				F 值	Sig.	F 值	Sig.
直接绩效	1(0%)	2	4.750	0.684	0.605	1.381	0.158
	2(1%～20%)	29	4.098				
	3(21%～50%)	31	4.325				
	4(51%～80%)	13	4.205				
	5(81%～90%)	8	4.312				
	合计	83	3.8238				

二、服务合同期长短对直接绩效的影响

对于服务合同期的测量，本研究将合同期分成 4 类即 4 级量表，主要采用单因素方差分析方法进行分析，判断项目合同期长短对环境污染第三方治理直接绩效的影响是否有显著性差异，如表 5-2 所示：

表 5-2　合同期对直接绩效影响的方差分析

	合同期分类	样本数	均值	方差同质性检验		方差分析	
				F 值	Sig.	F 值	Sig.
直接绩效	1(1～2 年)	39	4.265	0.335	0.800	1.271	0.226
	2(3～5 年)	24	4.264				
	3(6～10 年)	14	4.226				
	4(10 年以上)	6	3.958				
	合计	83	4.236				

从表 5-2 可以看出，研究中所调查的项目，在置信度为 95%的水平上，服务合同期长短对直接绩效不存在显著影响。方差同质性检验结果表明，P＝0.335＞0.05，表示被调查的环境污染第三方治理服务项目合同期样本的方差具有同质性；且方差分析显著性概率P＝0.226＞0.05，4 类变量的各组均值不存在显著的差异，即不同合同期对直接绩效不存在显著的影响。

三、独立绩效评估机制对直接绩效的影响

本研究将是否具有独立绩效评估机制分成 3 类即 3 级量表，主要采用单因素方差分析方法进行分析，判断独立绩效评估机制对环境污染第三方治理直接绩效的影响是否有显著性差异，如表 5-3 所示：

表 5-3 独立绩效评估机制对直接绩效影响的方差分析

	是否具有独立绩效评估机制分类	样本数	均值	方差同质性检验		方差分析	
				F 值	Sig.	F 值	Sig.
直接绩效	1(是)	39	4.265	0.256	0.774	0.996	0.486
	2(否)	24	4.264				
	3(部分)	14	4.226				
	合计	83	4.236				

从表 5-3 可以看出，研究中所调查的项目，在置信度为 95%的水平上，是否具有独立绩效评估机制长短对直接绩效不存在显著影响。方差同质性检验结果表明，P＝0.774＞0.05，表示被调查的环境污染第三方治理服务具有独立绩效评估机制样本的方差具有同

质性；且方差分析显著性概率 P＝0.486＞0.05，3 类变量的各组均值不存在显著的差异，即是否具有独立绩效评估机制对直接绩效不存在显著的影响。

四、环境风险防范机制对直接绩效的影响

本研究将是否具有环境风险防范机制分成 3 类即 3 级量表，主要采用单因素方差分析方法进行分析，判断环境风险防范机制对环境污染第三方治理直接绩效的影响是否有显著性差异，如表 5-4 所示：

表 5-4　环境风险防范机制对直接绩效影响的方差分析

	是否具有环境风险防范机制分类	样本数	均值	方差同质性检验		方差分析	
				F 值	Sig.	F 值	Sig.
直接绩效	1(是)	19	4.483	1.863	0.162	0.986	0.497
	2(否)	33	4.093				
	3(部分)	31	4.237				
	合计	83	4.236				

从表 5-4 可以看出，研究中所调查的项目，在置信度为 95％的水平上，是否具有环境风险防范机制对直接绩效不存在显著影响。方差同质性检验结果表明，P＝0.774＞0.05，表示被调查的环境污染第三方治理服务是否具有环境风险防范机制样本的方差具有同质性；且方差分析显著性概率 P＝0.497＞0.05，3 类变量的各组均值不存在显著的差异，即是否具有环境风险防范机制对直接绩效不存在显著的影响。

从本研究的调节、控制变量对因变量的影响检验结果来看，环境设备资本投入比例、合同期长短、是否具有独立绩效评估机制、环境风险防范机制，这4个调节变量、控制变量对因变量都无显著性的影响，因此，在后续的结构方程假设检验中就不再考虑这4个变量的分类影响。

第二节　中介变量的验证

在本研究中，核心利益相关主体合作满意度作为环境污染第三方治理直接绩效的关键因素及多方核心利益相关主体满意度与直接绩效之间的中介变量。对于中介变量的验证，主要采用相关和偏相关分析方法，具体过程可以分为如下几步：自变量与中介变量相关；自变量与因变量相关；中介变量与因变量相关；当考虑到中介变量的作用时，自变量对因变量的影响减弱或直到没有。[53]另外的方法是采用结构方程，比较直接模型、饱和模型、假设模型中各变量之间的标准化路径系数，具体的参考标准主要是上面四条。[54]两者的原理在本质上是相似的。为了能更直观地验证中介变量的作用，本研究首先采用了第一种方法进行假设检验，后面再采用结构方程建模分析方法进行理论模型及假设的验证。

一、自变量与中介变量相关

本部分是为了检验自变量与中介变量之间的相关性，并不考虑其他因素的影响。这样做的目的是为了后面对核心利益相关主体合作满意度作为中介变量的合理性进行分析，因此与后面的假设检验有所不同。对中介变量与自变量之间的相关关系的分析主要采用各潜变量间的 Pearson 相关系数的方法，具体结果如表 5-5 所示：

表 5-5　自变量与中介变量相关分析结果

自变量	中介变量	相关系数	显著性水平 P 值
过程管理效果	核心利益相关主体合作满意度	0.140	/
排污主体满意度		0.308	**
第三方治理主体满意度		0.250	*
服务交易双方满意度		0.226	*
政府部门满意度		0.208	/
投融资机构满意度		0.040	/
经济效果		0.201	/
社会效果		0.193	/
环境效果		0.149	/

注：** 表示 P＜0.01，* 表示 P＜0.05，下同。

从上面的分析来看，以核心利益相关主体合作满意度为中介变量，其中排污主体、第三方治理主体、服务交易双方满意度与中介变量之间均存在显著的相关关系，且显著水平都在 0.05 以上，其他利益相关主体满意度与中介变量之间没有显著相关。

二、自变量与因变量相关

本部分是为了检验自变量与因变量之间的相关性，并不考虑其他因素的影响。这样做的目的仍然是为了后面对核心利益相关主体合作满意度作为中介变量的合理性进行分析，因此与后面的假设检验有所不同。对自变量与因变量相关关系的分析依然采用各潜变量间的 Pearson 相关系数的方法，具体结果如表 5-6 所示：

表 5-6　自变量与因变量相关分析结果

自变量	因变量	相关系数	显著性水平 P 值
过程管理效果	服务整体治理绩效	0.230	*
排污主体满意度		0.297	**
第三方治理主体满意度		0.322	**
服务交易双方满意度		0.255	*
政府部门满意度		0.184	/
投融资机构满意度		0.920	/
经济效果		0.337	**
社会效果		0.292	**
环境效果		0.319	**

从上面的分析结果来看，除了政府部门满意度和投融资机构满意度与直接绩效之间的相关关系不显著之外，其余自变量与因变量之间的关系都显著相关，且显著性水平都基本在 0.05 以上。

三、中介变量与因变量相关

中介变量（核心利益相关主体合作满意度）与因变量（三重底线直接绩效）之间的相关关系为 0.249，P＝0.009＜0.01（见表 5-7），表明中介变量和因变量之间也存在显著的相关性。

表 5-7　中介变量与因变量相关分析结果

中介变量	因变量	相关系数	显著性水平 P 值
核心利益相关主体合作满意度	三重底线直接绩效	0.760	**

四、中介变量作为控制变量

本部分将核心利益相关主体合作满意度作为控制变量，将因变量与自变量之间的关系进行偏相关分析。方法是通过分析各潜变量之间的偏相关系数，对自变量与因变量之间的相关性进行初步的验证。偏相关分析的具体结果如表 5-8 所示：

表 5-8　中介变量作为控制变量后自变量与因变量偏相关分析结果

控制变量	自变量	因变量	相关系数	显著性水平 P 值
核心利益相关主体合作满意度	过程管理效果	三重底线直接绩效	0.192	/
	排污主体满意度		0.101	/
	第三方治理主体满意度		0.209	/
	服务交易双方满意度		0.132	/
	政府满意度		0.410	/
	投融资机构满意度		0.094	/
	经济效果		0.289	/
	社会效果		0.228	/
	环境效果		0.320	/

从上面的偏相关分析结果来看，在对中介变量——核心利益相关主体合作满意度的影响进行分析后，绝大部分自变量与因变量之

间的关系变得不再显著。因此，基本可以得出结论：核心利益相关主体合作满意度在过程管理效果和利益相关主体满意度与三重底线直接绩效之间关系中具有中介作用。本研究提出的以核心利益相关主体合作满意度作为中介变量的理论模型可作为下一步分析的基础。

第三节 基于结构方程模型的假设检验

排除了调节和控制变量这两项过程测度变量对中介变量——合作满意度、因变量——治理效果的影响，以及对中介变量实证检验，本研究基于结构方程模型对环境污染第三方治理绩效测度理论模型的研究假设进行实证检验。

一、理论模型检验

（一）模型设定

在第三章的理论模型构建和案例分析的基础上，对相关的假设进行检验，该部分的结构方程模型如图 5-1 所示：

（二）模型识别

根据 t 规则、本验证性因子模型共有 27 个测量指标，k＝27，因此据点数为 k(k＋1)/2＝756，模型要估计 27 个测量指标的误差方差、38 个因子负荷，11 个路径系数、38 个因子间相关系数和 10 个内因潜变量的残差，共要估计 124 个参数，t＝124＜756，因此，基本

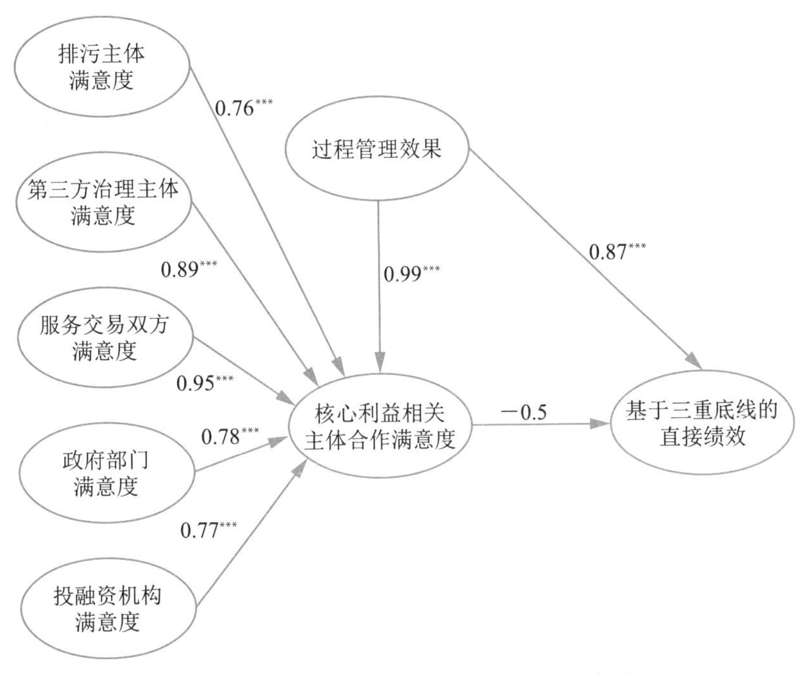

图 5-1　理论框架的结构方程模型检验

注：*** 代表显著性水平 P＜0.01，下同。

上满足模型识别的必要条件。

对于该结构模型如图 5-1 所示是递归模型，存在因果关系，且该结构模型可识别，可进行下一步的分析。

（三）模型参数估计与评估

本研究采用广义最小二乘法和最大似然法，运用的统计软件是IBM-AMOS22，对理论模型中的相关参数进行估计，具体结果如表 5-9所示：

从理论模型结构方程分析的结果看，复相关系数达到 0.593＞0.5，显示模型整体解释力尚可。GFI 值为 0.874，略低于 0.9 的标准要求。从绝对拟合指标看，RMSEA 值为 0.096，略高于 0.08 的最

表 5-9 理论模型参数估计结果

假设	变量间关系	标准化路径系数	C.R.值	假设是否得到支持
H2a	排污主体满意度——核心利益相关主体合作满意度	0.758^{***}	7.398	支持
H2b	第三方治理主体满意度——核心利益相关主体合作满意度	0.893^{***}	9.099	支持
H2c	服务交易双方满意度——核心利益相关主体合作满意度	0.950^{***}	9.844	支持
H2d	政府部门满意度——核心利益相关主体合作满意度	0.779^{***}	7.655	支持
H2e	投融资机构满意度——核心利益相关主体合作满意度	0.770^{***}	1.239	支持
H4	直接绩效——核心利益相关主体合作满意度	-0.5^{*}	7.480	支持
H5a	过程管理效果——核心利益相关主体合作满意度	0.998^{***}	7.340	支持
H5b	过程管理效果—直接绩效	0.871^{***}	4.431	支持
=各指标值 复相关系数 $R^2=0.593$				
$\chi^2=73.771$	df=42	$\chi^2/df=1.756$	GFI=0.874	
RMSEA=0.096	CFI=0.955	IFI=0.956	NFI=0.903	

注：*** 表示 P<0.01，** 表示 P<0.05，* 表示 P<0.10，在 AMOS 中，C.R.值即临界比率相当于 t 值。

高上限。从相对拟合指标看，IFI 值为 0.956，大于 0.9 的最低标准。CFI 值为 0.955，NFI 值为 0.903，大于 0.9 的最低标准。总体来看，理论模型基本符合要求。为验证是否存在拟合度更优的模型，下面选择相关模型进行比较。

二、模型比较

本研究对于比较模型的选择，首先，增加新的变量间关系。在理论模型中，并没有考虑自变量—因变量的直接影响，模型中可能会由于缺少一些关系而影响模型的拟合优度。其次，将变量间不显著的路径关系删除，得到比较模型 A（图 5-2）。对于模型的比较原则，侯杰泰等认为要比较的模型应当是相互嵌套的，但也可对非嵌

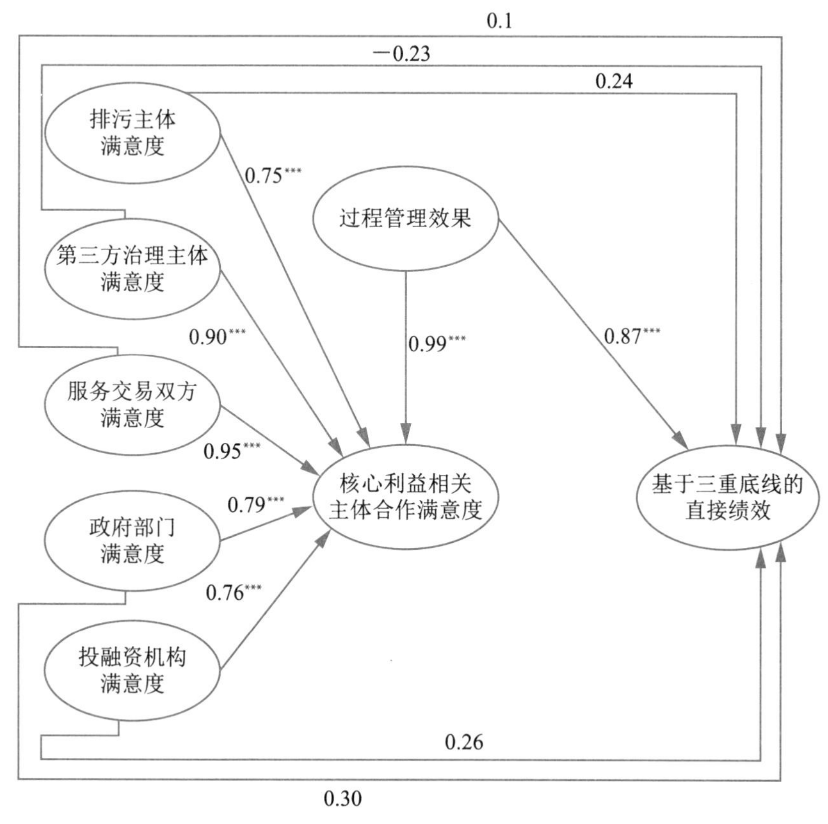

图 5-2　比较模型 A

套模型进行粗略比较;[55]他们认为模型的比较不应以拟合指数作为主要依据,而更应考虑模型所描述的各变量之间关系是否具有合理性。因此,只对比较模型 A 与原模型进行粗略比较。

本研究运用统计软件 IBM-AMOS22,对比较模型 A 中的相关参数进行估计,具体结果如表 5-10 所示:

表 5-10 比较模型 A 的分析结果

变量间关系	标准化路径系数	C.R.值
自变量对中介变量的影响		
过程管理效果——核心利益相关主体合作满意度	0.998***	7.390
排污主体满意度——核心利益相关主体合作满意度	0.752***	0.565
第三方治理主体满意度——核心利益相关主体合作满意度	0.897***	8.752
服务交易双方满意度——核心利益相关主体合作满意度	0.947***	9.320
政府部门满意度——核心利益相关主体合作满意度	0.790***	7.530
投融资机构满意度——核心利益相关主体合作满意度	0.763***	7.236
过程管理效果——直接绩效	0.867***	2.572
排污主体满意度——直接绩效	0.238	2.317
第三方治理主体满意度——直接绩效	−0.235	−1.626
服务交易双方满意度——直接绩效	0.012	0.071
政府部门满意度——直接绩效	−0.296	−2.715
投融资机构满意度——直接绩效	0.265	2.520

$\chi^2=58.951$	df=38	$\chi^2/df=1.551$	GFI=0.894
RMSEA=0.080	CFI=0.970	IFI=0.971	NFI=0.922

注:*** 表示 P<0.01, ** 表示 P<0.05, * 表示 P<0.10,在 AMOS 中,C.R.值即临界比率相当于 t 值。

从绝对拟合指标看，RMSEA值为0.080，等于0.08的最高上限；从结构方程分析的结果看，$\chi^2/df=1.551$，GFI值为0.894，比理论模型的数值有所提高；从相对拟合指标看，IFI值为0.971，CFI值为0.970，NFI值为0.922，都超过了0.9的最低标准；从整体上看，比较模型A的拟合程度有所提高。通过本章第2节相关分析对中介变量的作用进行初步验证，已经证实了核心利益相关主体合作满意度在本研究的理论模型中具有中介作用。但是，比较模型A的分析，排污主体满意度、第三方治理主体满意度、服务交易双方满意度、政府满意度、金融机构满意度与直接绩效之间的关系，在$P<0.05$的情况下不再显著，从而再次验证了核心利益相关主体合作满意度作为模型中介变量的合理性。

从比较模型A的数据看，比较模型A剔除了理论模型中关系不显著的路径，在各项指标方面都略微优于理论模型。但是在相关变量的关系验证方面，理论模型和比较模型都得出了相对一致的结论，尽管比较模型A的拟合程度较高，但是并未根本改变理论模型的变量间关系结构，故后续分析仍然以本研究提出的理论模型作为基准模型。

三、实证结果

本部分研究对假设关系成立的检验标准是：(1)如果路径系数的显著性水平能够在0.05以上的为显著，那么假设就成立。(2)如果路径系数的显著性水平在0.1以上的为弱显著，假设部分成立。(3)低于0.1的则认为不显著，那么假设关系就不成立。(4)如果路径系数的显著性水平显著，但是路径系数为负，那么假设与事实不符，假设中关系为负相关。(5)整个结构方程模型中验证性因子解释部分的标准化系数大于 0.5 假设成立，大于 0.1 假设部分成立。根据上述标准，本部分相关假设检验结果如下：

H4：环境污染第三方治理直接绩效与核心利益相关主体合作满意度存在着负相关影响。该假设通过理论模型结构方程分析，检验结果表明，环境污染第三方治理核心利益相关主体合作满意度对直接绩效的影响路径系数为−0.5，显著性水平都在 0.05 以上，假设 H4 部分成立。同时，第三方治理直接绩效与核心利益相关主体合作满意度的相关假设也获得论证：

H1a：第三方治理服务的经济效果越好，直接绩效越高。

H1b：第三方治理服务的社会效果越好，直接绩效越高。

H1c：第三方治理服务的环境效果越好，直接绩效越高。

H2a：排污主体对服务满意度越高，核心利益相关主体合作满意度越高。该假设通过因子模型的检验进行，理论模型结构方程的分析结果表明，排污主体满意度对核心利益相关主体合作满意度的影响路径系数为 0.758，显著性水平在 0.01 以上，假设 H2a 成立。排污主体满意度对核心利益相关主体合作满意度有显著的正影响关系。

H2b：第三方治理主体对服务满意度越高，核心利益相关主体合作满意度越高。该假设通过因子模型的检验进行，理论模型结构方程的分析结果表明，第三方治理主体的满意度对核心利益相关主体合作满意度的影响路径系数为 0.893，显著性水平在 0.01 以上。

第三方治理主体满意度对核心利益相关主体合作满意度有显著的正影响关系，假设 H2b 成立。

H2c：服务交易双方满意度越高，核心利益相关主体合作满意度越高。该假设通过因子模型的检验进行，理论模型结构方程的分析结果表明，甲、乙双方的满意度对项目核心利益相关主体合作满意度的影响路径系数为 0.950，显著性水平在 0.01 以上，假设 H2c 成立。服务交易双方满意度对核心利益相关主体合作满意度有显著的正影响关系。

H2d：政府部门对治理服务满意度越高，核心利益相关主体合作满意度越高。该假设通过因子模型的检验进行，理论模型结构方程的分析结果表明，相关政府管理机构（如市生态环境局、市发改委）的满意度对核心利益相关主体合作满意度的影响路径系数为 0.779，显著性水平在 0.01 以上，假设 H2d 成立。环境第三方治理服务相关政府管理机构的满意度对核心利益相关主体合作满意度有显著的正影响关系。

H2e：投融资机构对治理服务满意度越高，核心利益相关主体合作满意度越高。与环境污染第三方治理服务相关的投融资机构包括为服务项目进行投融资及融资担保的机构。该假设通过因子模型的检验进行，理论模型结构方程的分析结果表明，投融资机构满意度对核心利益相关主体合作满意度的影响路径系数为 0.770，显著性水平在 0.01 以上，假设 H2e 成立。投融资机构的满意度对核心利益相关主体合作满意度有显著的正影响关系。

H5a：过程管理效果越好，第三方治理直接绩效越好。结构方程的分析结果表明，过程管理效果与直接绩效的路径系数为 0.998（来自理论模型和比较模型），显著性水平在 0.01 以上，假设 H5a 成立。过程管理效果对治理直接绩效有显著的正影响关系。

H5b：过程管理效果越好，核心利益相关主体合作满意度越高。理论模型结构方程的分析结果表明，过程管理效果对核心利益相关主体合作满意度的影响路径系数为 0.998，显著水平在 0.01 以上，假设 H5b 成立。过程管理效果对核心利益相关主体合作满意度有显著的正影响关系。

同时，本研究也验证了以下三个子假设：

H3a：单位资本投入的运营服务减排量产出越高，第三方治理服务过程管理效果越好。

H3b：单位资本投入的环境技术节能量产出越高，第三方治理服务过程管理效果越好。

H3c：环境服务绩效合同条款内容越具体、详细，第三方治理服务过程管理效果越好。

此外，通过对调节、控制变量的影响进行分析，得出环境污染第三方治理环境设备资本占比、合同期长短、是否具有独立绩效评估机构、是否具有环境风险预防机制对直接绩效没有影响；通过对中介变量——核心利益相关主体合作满意度的验证，得出核心利益相关主体合作满意度作为中介变量具有一定的合理性；最后，通过结构方程建模及模型比较对本研究的理论模型和相关假设进行检验。

第四节　假设检验总结

本研究经过合环境污染第三方治理服务项目跟踪访谈、资料搜集、问卷调查等方法采集大样本数据，对理论模型进行验证性因子分析、结构方程建模分析、相关分析等数据分析，并对九大研究假设进行了验证。在这些假设中，H4 假设只能得到部分支持，H6、H7、H8、H9 假设在结构方程建模分析中不支持，但其他假设均已经得到支持，本研究的假设及检验结果具体如表 5-11 所示：

表 5-11　假设检验结果总结

假设编号	假　设　内　容	验证结果（支持/不支持）
H1a	第三方治理服务的经济效果越好，直接绩效越高。	支持
H1b	第三方治理服务的社会效果越好，直接绩效越高。	支持
H1c	第三方治理服务的环境效果越好，直接绩效越高。	支持
H2a	排污主体对服务满意度越高，核心利益相关主体合作满意度越高。	支持
H2b	第三方治理主体满意度越高，核心利益相关主体合作满意度越高。	支持
H2c	第三方治理服务交易双方满意度越高，核心利益相关主体合作满意度越高。	支持
H2d	政府部门对治理服务满意度越高，核心利益相关主体合作满意度越高。	支持

续 表

假设编号	假 设 内 容	验证结果（支持/不支持）
H2e	投融资机构对治理服务满意度越高，核心利益相关主体合作满意度越高。	支持
H3a	单位资本投入的运营服务减排量产出越高，第三方治理服务过程管理效果越好。	支持
H3b	单位资本投入的环境技术节能量产出越高，第三方治理服务过程管理效果越好。	支持
H3c	环境服务绩效合同条款内容越具体、详细，第三方治理服务过程管理效果越好。	支持
H4	第三方治理直接绩效与核心利益相关主体合作满意度存在着显著影响。	部分支持
H5a	第三方治理过程管理效果越好，第三方治理直接绩效越好。	支持
H5b	第三方治理过程管理效果越好，核心利益相关主体合作满意度越高。	支持
H6	第三方治理服务中环境设备资本投入占比对过程管理效果、核心利益相关主体合作满意度、直接绩效之间的关系具有调节作用。	不支持
H7	第三方治理合同期长短对过程管理效果、核心利益相关主体合作满意度、直接绩效之间的关系具有调节作用。	不支持
H8	第三方治理是否有独立绩效评估机制对过程管理效果、核心利益相关主体合作满意度、直接绩效之间的关系具有控制作用。	不支持
H9	第三方治理是否有环境风险预防机制对过程管理效果、核心利益相关主体合作满意度、直接绩效之间的关系具有控制作用。	不支持

如表 5-11 所示,实证分析的结果基本上支持了本研究提出的理论模型,但也拒绝了调节、控制变量的研究假设,并得出了一些重要结论。

第六章　环境污染第三方治理绩效测度研究结论与提升建议

基于第五章环境污染第三方治理绩效测度理论模型研究假设的实证分析，本研究提出的大部分研究假设都通过了实证检验，但是过程管理效果中，时间效率、设备资本规模等调节变量的研究假设未通过检验；独立绩效评估机制和环境风险预防机制等外生控制量的研究假设也未通过检验。因此，本章首先在总结通过检验的研究假设的同时，对未通过检验的研究假设进行分析解释，从而再一次证明了中国环境污染第三方治理绩效测度指标的科学性；其次，基于研究结论，根据 PSR 驱动力模型提出提升中国环境污染第三方治理绩效的政策建议。

第一节 研究结论

根据本研究前面的理论模型假设与实证结果,对本研究九大研究假设归结为八个结论进行总结。

结论一:基于三重底线的服务效果与直接绩效

三重底线评价标准被应用于可持续发展治理绩效测度,同样也被应用于以环境污染第三方治理模式进行交易的环境服务绩效测度。结合戴利的生态经济学广义服务效率概念,本研究根据所调研的样本数据,通过整体模型检验和因子分析验证了基于三重底线的服务效果与项目直接绩效的正相关关系假说,标准化系数基本都在0.5以上,显著性水平都在0.05以上,模型拟合度很好。弥补了以往研究仅以经济效果或社会效果或环境效果单方面作为环境污染第三方治理直接绩效衡量标准,以偏概全的不足。

结论二:核心利益相关主体满意度与合作满意度

以往研究没有对环境第三方治理服务利益相关主体合作满意度加以考虑,只是从某些利益相关主体满意度的评价来提出某些利益相关主体的重要性,并提出环境污染第三方治理服务合作治理政策。而合作满意度这一概念模糊,大多数人在回答时由于自己感知的原因未能准确地回答。本研究对于合作满意度的衡量采用了均值和潜变量分析两种方法,共同验证了核心利益相关主体满意度与利益相关主体合作满意度的正相关关系假设。在访谈过程中,作者也了解到目前环境污染第三方治理服务市场发展处于一个规范化时期，具体的政策建议也体现了政府的满意度标准，政府制定推进政策尚有待于优化、调整，以适应以环境污染第三方治理模式开展的环境服务业及引导全社会参与环境污染第三方治理。

结论三：过程管理三方面与过程管理效果

本研究通过验证性因子分析验证了过程管理三个方面：运营服务效率、环境技术产出效率、环境服务合同的完善性与服务过程管理效果正相关关系的假设。衡量过程管理三个方面的指标与过程管理效果存在显著的正相关关系，标准化系数都在 0.5 以上，显著性水平都在 0.05 以上，模型拟合度很好。说明环境技术、运营服务和完善环境污染第三方治理合同在过程管理效果方面作用显著，并能够促进服务交易按契约合同内约定的条款顺利实施并完成甚至超越双方契约目标。其中，运营服务包括：通过服务交易双方商业模式创新，保持和延长环境服务责任期；掌握生态环境变化规律和推进政策，通过制定、实施规范化制度，规范排污主体污染减排行为，尽量提升排污主体的污染减排意识。这部分服务产出在过程管理效果中正相关影响最大，标准化相关系数值为 0.86，$P<0.05$。

结论四：核心利益相关主体合作满意度与直接绩效

本研究将核心利益相关主体的满意度考虑在内，浓缩为核心利益相关主体合作满意度，并验证了在未加入控制变量（环境设备资本投入比例、合同期长短、独立绩效评估机制、环境风险防范机制）的情况下，核心利益相关主体合作满意度与直接绩效的正相关关系假设，路径系数为 -0.5，$P>0.05$。从路径系数看，核心利益相关主体合作满意度对直接绩效存在负向影响，但不显著。

结论五：合作满意度在多方利益相关主体满意度、过程管理效果与直接绩效的关系之间具有中介作用

本研究采用相关和偏相关分析，分四个步骤验证了合作满意度在多方利益相关主体满意度、过程管理效果与直接绩效的关系之间具有中介作用；然后通过结构方程建模，对本研究的理论模型和另外两个选择模型进行比较，对合作满意度的中介作用进行了再次验证。因此可以得出结论：多方利益相关主体满意度、过程管理效果，也就是本研究提炼的影响环境污染第三方治理直接绩效的两大维度，是通过核心利益相关主体合作满意度这一中介机制对治理直接绩效产生作用的。

结论六：过程管理效果与直接绩效和合作满意度

本研究验证了过程管理效果与直接绩效和合作满意度的正相关关系假设，路径系数都达到显著水平。与以往研究不同的是，满意度评价不仅限于服务供需双方的单维度评价，而是增加了包含核心利益相关主体满意度评价的合作满意度。本研究在访谈过程中得知过程管理效果的提高，尤其是运营服务效果的提高，能够促进其他核心利益相关主体污染减排行为的一致性，提高各方利益相关主体对于环境第三方治理服务效果的满意度及合作满意度。同时，过程管理效果中的环境技术节能效果直接导致了服务直接绩效的提高。运营服务效率的提升和服务合同的完善则巩固和保证了环境技术减排效果的持久性。从整体模型的路径分析看，过程管理效果对于合作满意度的正相关影响大于其对直接绩效的正相关影响。

结论七:环境设备资本投入比例、合同期长短对过程管理效果、核心利益相关主体合作满意度与直接绩效之间的关系不具有调节作用

本研究将环境设备资本投入比例、合同期长短作为调节作用纳入整体理论模型中。采用相关分析方法对影响直接绩效各维度因素与合作满意度之间关系的2个假设,对过程管理效果和合作满意度与直接绩效之间关系的2个假设在不同组别中进行了检验。在验证设备资本投入比例的调节作用过程中,发现环境设备资本投入比例、合同期长短对过程管理效果和合作满意度与直接绩效之间关系不具有显著的调节作用。说明环境固定资本投入比例、合同期长短的绝对指标对环境污染第三方治理过程管理效果和直接治理效果没有显著影响,需要考虑资本的时间效率和固定资本投资回报率等相对测度指标。同时需要说明的是在验证这一假设时,也受采集到的数据样本量限制,作者未能采用结构方程中的多样本比较方法,导致验证结果未通过检验。

结论八:独立绩效评估机制、环境风险预防机制对过程管理效果、核心利益相关主体合作满意度、直接绩效之间的关系不具有控制作用

本研究通过控制变量影响分析将是否具有独立绩效评估机制、环境风险预防机制作为调节作用纳入理论模型讨论中。采用相关分析方法对影响直接绩效各维度因素与合作满意度之间关系的2个假设进行检验,未通过检验即发现环境污染第三方治理服务是否具有独立绩效评估机制、环境风险预防机制对过程管理效果和合作满意度与直接绩效之间关系不具有显著的控制作用。这是由于现有环境污染第三方治理市场上还没有成熟的独立环境治理绩效评估主体，同时环境污染保险业务也属于自愿参与性质，因此，这两项第三方治理模式的保障机制将在后续对策建议中作深入探讨。

本研究的八大研究结论证实了大部分环境污染第三方治理绩效测度因素对应的测度指标的科学性和有效性，为深入推进环境污染第三方治理模式在地方企业、市政领域应用，规范我国环境污染第三方治理市场健康有序发展起到积极作用。同时，本研究中可持续发展思想及科学研究方法将成为环境污染治理绩效机制的理论创新，并在全国环境污染第三方治理领域加以推广；研究中构建的环境污染第三方治理绩效测度指标体系将首先运用到长三角地区环境污染第三方治理实践，通过对长三角地区环境污染第三方治理绩效进行科学评价，为长三角三省一市地方政府制定环境污染治理市场规范性政策和把握环保企业投资方向提供指导，从而推动长三角环境污染治理市场一体化发展。

第二节　提升建议

本书通过一系列的理论和实证研究得出了一些重要的结论，可以为环境污染第三方治理利益相关主体，尤其是环境服务交易双方在过程管理、合作治理中提高合作满意度以及创新服务机制提供有益的指导。因此，本书采用可持续性科学(2.0)思想中 PSR 可持续发展驱动力模型，从以下两个方面提出提升环境污染第三方治理绩效的政策建议。

一、创新第三方治理保障机制

推进我国环境污染第三方治理市场健康发育需要从第三方治理模式的绩效保险机制、评估机制以及发生责任纠纷时的仲裁机制等保障机制方面入手，进一步创新机制实施措施，优化第三方治理市场的营商环境。

（一）构建第三方治理项目的事前强制保险机制

环境污染第三方治理需求主体会因选择供给主体失误而导致其未来的经济、环境和社会效益遭受损失。建议银保监局与人行征信中心基于征信平台，引导环境污染第三方治理服务市场引入合同违约保险主体，形成环境污染第三方治理项目的事前强制保险机制，在一定程度上对环境污染第三方治理需求主体市场选择行为起到保护作用。

（二）构建独立、客观的第三方治理绩效评估机制

面对环境污染第三方治理过程中因生产工艺、工况复杂性、不确定性导致的治理绩效难以确定问题，建议由生态环境部门牵头，会同市场监管部门、环保行业协会认定一批独立的、具有专业评估能力的环境污染第三方治理绩效评估主体，评估治理绩效，使环境污染第三方治理模式形成稳定的三方制衡治理结构和客观、公正的治理绩效评估机制。同时，为发生绩效违约纠纷的治理项目提供和保存仲裁、赔偿责任的鉴定依据。

（三）构建低成本、高效的第三方治理责任纠纷仲裁机制

当环境污染第三方治理项目未达到合同约定目标时，为清楚界定环境污染第三方治理供需主体责任及赔偿标准，建议生态环境部门与跨学科专家合作，对于环境污染第三方治理服务的民商事责任纠纷，引入由环境法、环境科学、经济贸易等专家组成的环境污染第三方治理责任仲裁机构，形成低成本、高效的环境污染第三方治理责任纠纷仲裁机制。基于独立、客观的绩效评估结果，通过仲裁确定赔偿责任主体和标准。

二、完善法规制度和行业标准

行业规制是保障第三方治理市场失灵的“看不见的手”，充分发挥行业规制对第三方治理过程中各利益相关主体权利、责任、义务的约束能够将第三方治理模式推广到更多行业的应用场景，从而推进环境污染第三方治理模式向园区、高新区等污染集中领域深化落实，并壮大环境治理服务产业。

（一）制定明确界定第三方治理参与主体权责利的法规制度

虽然我国在 2014 年出台了环境污染第三方治理工作指导意见，在 2017 年出台了环境污染第三方治理具体实施意见，但这两项意见不具法律约束性，且时效性短，建议由生态环境部门牵头，会同发改委、市场监管等相关部门，在《环境污染第三方治理合同（示范文本）》基础上，借鉴《江苏省生态环境第三方服务机构监督管理暂行办法（2019 年修订）》，联合制定明确界定环境污染第三方治理供需主体及引入的其他主体权责利的法规制度。即使污染治理责任

发生转移，责任主体也应承担或被追究不达标排污、偷排、漏排及治理绩效评估造假的同等法律责任。

（二）编制第三方治理供给主体资质认定办法

针对环境污染第三方治理市场上供给主体优劣难辨，建议生态环境部门牵头，会同环保行业协会与相关研究机构，根据区域内环境污染特点，供给主体的治理技术、人员资质等条件，编制环境污染第三方治理供给主体资质认定办法，通过培训、考核等措施，定期发布优秀供给主体“白名单”，引导需求主体选择高质量第三方治理供给主体，降低其招投标选择的高成本和高风险，优化营商环境。

（三）试点编制第三方治理绩效评估标准

对于已实施的环境污染第三方治理项目，建议由生态环境部门牵头，会同环保行业协会与相关科研机构对标国际不同环保行业领域的治理绩效评估标准与行业发展经验，基于环境污染第三方治理绩效测度指标体系对我国环境污染第三方治理绩效的评估结果，编制环境污染第三方治理绩效评估标准，并对长三角、上海在特定环境治理领域开展绩效评估标准试点。如果试点成功，可以将地区标准推广至全国其他地区，同时基于第三方治理绩效评估标准，在环境污染第三方治理市场上培育独立的绩效评估主体开展环境污染第三方治理绩效评估业务，使供需双方获得客观的第三方治理绩效评估结果，并对治理供给主体的市场行为起到监督作用。

第七章　提升环境污染第三方治理绩效的地方实践：以上海市为例

虽然第三方治理模式引入我国的时间不长，但是在经济发达的城市如上海、北京、浙江、广州、深圳等地已初见成效。本研究选取涉足时间较早的上海市为例，选择城市管理中急需解决的餐饮行业大气环境污染治理问题，结合环境污染第三方治理绩效测度因素的实证结果，通过分析上海餐饮油烟污染第三方治理绩效提升的阻力、原因，探索上海环境污染第三方治理服务绩效提升的对策建议和实践经验。

第一节　上海餐饮油烟污染第三方治理的探索

上海早在 20 世纪 90 年代末就有企业涉足第三方治理，目前第三方治理产业年均增长规模达20%。作为沿海经济发达地区城市,2018年上海的第三产业占比已达70%,繁荣的服务业随之也带来环境问题。首当其冲的是餐饮服务业,其油烟污染对城市空气质量产生了较大的影响。因此,餐饮油烟治理成为上海地区第三方治理模式的重点试点领域。

一、上海餐饮油烟污染第三方治理绩效提升的阻力

上海提升餐饮油烟污染第三方治理绩效方面遇到较大阻力,主要表现在:一是净化设备的清洗维护不到位。市场上各类设备的有效运行都有赖于定期清洗维护,否则油烟颗粒物很快会黏附在净化设备中,净化效率也会不断下降甚至形同虚设。不少净化设备企业表示餐饮用户没有定期清洗电场,导致产品使用效果下降;长期不清洗还容易导致设备故障,维修或更换带来更高成本;更严重的还会引发火灾。二是油烟受害者投诉以老餐饮店居多。油烟受害者投诉情况多为老店,特别是排放口高度不到15米的,一般措施是首先尽量做到高空排放,其次再加装或改造设备,如仍不满足要求,再考虑更换高效净化设备。三是低价低效净化设备有待整治。在环评审批或日常环保监管尚不完善的情况下,有的餐饮企业出于节省成本考虑,存侥幸心理、只做表面文章,比如安装低价低效甚至伪劣的油烟净化设备。低效、伪劣产品的存在导致油烟第三方治理企业之间易出现恶性竞争。四是考虑到餐饮行业经济负担,现有油烟净化装置的认定与更换采用循序渐进思路。2018年,上海市某区环保局要求部分餐饮企业委托第三方检测机构开展现有油烟净化装

置的认定,如另测净化器出入口浓度以反映去除效率,则可能有大量餐饮企业不能满足 90%去除效率要求、需更换高效净化设备,对全区餐饮行业形成较大负担、可能引起全区餐饮行业较大反响,因此采用循序渐进的思路。

二、阻碍上海餐饮油烟污染第三方治理绩效提升的原因

导致上海市餐饮油烟第三方治理绩效低,进而影响市场培育的主要原因有七个方面:第一,部分餐饮企业效益不佳。此问题除自身原因外,也有外部经济环境、环保以外其他成本较高等原因。从规模来看,尤以中小餐饮店油烟问题最为突出。规模较大的餐馆往往经营效益较好,也具有较强烈的环保意识,经济与环保形成较良性循环,被投诉相对较少;反之,规模较小的餐馆经营效益较差,也未严格进行污染控制,造成的油烟投诉相对较多。第二,监管有待完善。一是处罚门槛低,无法有效震慑;二是处置周期长;三是办照打擦边球。环保政策及服务滞后,如对餐饮服务场所油烟净化装置定期维护等方面还没有相对具体可行的管理措施。因浓度在线监测技术尚不成熟,削弱了环保行政处罚力度。在要求餐饮服务场所进行整改时,难以为整改工作指明方向,降低管理效果。第三,一些餐饮业主环保意识不足。在无特殊监管要求时,只有涉信访投诉、商场物业要求(有时油渍会污染地面)或环保意识较强的餐饮单位会愿意选购高效净化设备。一些外资酒店也会主动制订定期清洗、更换油烟净化设备的计划。该两方面得到解决后,餐饮业主环保意识问题只需辅以宣传教育即可。第四,浓度在线监测技术尚不成

熟,准确度尚不足,与采样检测结果偏差较大,且探头更换成本较高。目前在国内市场上尚无法采购到准确度较高的监测设备,也尚无此方面国家标准。第五,除异味技术尚不够成熟。去除异味虽有活性炭、紫外光等技术,但总体来讲国内外尚缺乏高效、经济的技术。第六,一些老式房屋因结构原因难以安装或改造烟道。有些老餐饮店由于历史原因处在老式居民楼或其他房屋中,有些因结构原因,在不关闭的情况下难以安装或改造烟道。此类情况需依法要求改为不产生油烟经营项目或搬迁。第七,一些净化设备因安装位置问题难以维保。部分餐饮企业的油烟净化设备安装在吊顶、高楼空间狭小的平台等处,无法进行正常的清洗维护工作,有待按要求改造。

三、提升上海餐饮油烟污染第三方治理绩效的典型经验

为提升餐饮油烟第三方治理的绩效,上海市主要采取如下措施:第一,以在线监控、投诉处置、随机抽查、信用体系作为油烟监管的四大抓手。以餐饮单位为主要监管对象——通过在线监控、投诉处置、随机抽查三种方式进行严格、公正的监管;以第三方治理单位为次要监管对象——以信用体系为抓手,减少直接监管和干预。第二,以不扰民、不超标、勤维保为监管重点。区环保局对现有餐饮单位油烟污染的监管过程中,监管重点按优先级降序应依次为:不扰民、不超标、净化设备运行和清洗维保情况良好、在线监控设备运行情况良好。除对涉油烟信访投诉的餐饮单位进行检查处置外,环保局还应通过随机抽取检查对象、随机选派执法检查人员的"双随机"

抽查机制，对餐饮单位油烟治理情况进行抽查。第三，制订循序渐进的低效净化设备更新计划。新改扩建餐饮单位按照有关标准安装高效净化设备；对于能达标、扰民不严重但油烟去除效率低于90％的现有设备，环保部门组织制订循序渐进的更新计划，用5年左右时间逐步推进更换。第四，继续推广油烟排放在线监控，条件成熟时探索环境中油烟浓度监测监控。待油烟浓度在线监测技术成熟后，一方面应尽快完善在线监测功能在监控系统中的整合应用，另一方面还可探索部分餐饮污染源周边环境敏感点的空气中油烟浓度在线监控。第五，完善统一监控平台和运维企业管理机制。对监控平台运维情况进行监管和第三方评估，督促其提升运维管理水平；探索引入运维企业竞争机制；为保证数据客观真实，未来全区油烟统一监控平台运维企业、餐饮单位油烟监控终端安装企业、餐饮单位油烟净化设备企业保持互相独立，任何企业及其实际关联企业同一时间只能承接上述三种业务中的一种。第六，建立完善第三方治理企业信用体系。环保部门委托相关机构开展油烟第三方治理效果评价，对治理企业进行综合评价和排名。评价结果纳入油烟第三方治理企业信用体系发布在环保部门网站。第三方油烟净化或在线监控企业如发生违法或违约行为两次以上，列入油烟第三方治理企业及产品黑名单，黑名单的企业或产品3年内不得在本市范围内开展新业务或销售。第七，向餐饮店主提供宣传引导等服务。环保部门除监管执法职能外，更多发挥宣传引导等服务职能，在油烟投诉发生前主动提供服务。第八，环保部门积极采购评估培训等第三方服务。积极借用外力，采购第三方服务，例如：编制餐饮油烟第三方治理合同模板；油烟第三方治理效果评价、排名；信用体系相关名录的编制和更新等。第九，充分发挥行业组织作用。充分发挥环境服务业商会、环保产业协会等协会的作用，积极开展油烟第三方治理企业相关的能力评估等服务，编制有关指南和合同模板，推动油烟第三方治理行业自律，政府仅在后台发挥一定的引导和监管功能。第十，完善第三方治理服务合同中应明确的第三方维保单位的清洗范围等细则，为餐饮单位提供服务要求。第三方维保企业须为餐饮单位编制设备维护手册。第十一，发挥环保行业协会的自律机制，设立“餐饮油烟治理贡献奖”，接受以下单位申请并组织评奖：①综合评价排名靠前且无不良记录的油烟第三方治理企业；②经第三方检测机构验证并在本区餐饮单位实际验证，油烟浓度在线监测准确度较高的在线监控设备企业；③对油烟治理有突出贡献的物业单位、餐饮连锁单位等单位。第十二，发挥旅游、餐饮行业协会的激励机制，对安装使用高效油烟净化设备并积极维护保养且取得良好环境效益和社会效益的餐饮企业，在纳入旅游、餐饮有关行业协会“绿色餐厅”等评比时予以优先考虑。对于发生油烟扰民的餐饮企业，如经济特别困难且无不良信用记录，可申请油烟高效净化设备安装补贴。

从上海餐饮油烟第三方市场培育的经验可以发现，第三方治理模式需要对在排污主体、第三方治理主体、环境受害主体、政府、行业组织、融资机构等多个利益相关主体之间的约束机制、激励机制、环境绩效分配机制等市场管控机制进行创新，这样才能推动地方环境污染第三方治理绩效的提升和可持续发展。

第二节　上海环境污染第三方治理绩效提升的策略

通过对上海餐饮油烟污染第三方治理绩效低下和不可持续原因的分析可以发现，上海环境污染第三方治理绩效提升的突破口在于市场主体及利益相关主体之间的绩效分配机制和信用、风险管控机制。唯有公平的绩效共享机制和严格奖惩的信用机制才能激发市场主体的参与积极性；同时，多元化主体参与的风险补偿机制将保证第三方治理模式融资和绩效的可持续性。这些策略与中国环境污染第三方治理绩效测度指标体系所涵盖的“响应（Response）”——合同满意度指标和“压力（Pressure）”——治理效率中的过程管理效果指标相对应。不仅能够更好地体现中国环境污染第三方治理绩效测度指标的正确性，也为更好地提升我国环境污染第三方治理绩效提供了地方经验。

一、构建环境污染第三方治理绩效共享机制，培育多元化市场主体

环境污染第三方治理模式的创新在于机制创新，针对目前环境污染第三方治理绩效不可持续问题，不论哪种第三方治理模式，主体与对象之间单一的环境绩效分配机制，风险性大且环境治理效益不具可持续性，需要构建多主体参与的共享环境治理绩效分配机制，使多方参与治理主体与对象按照一定比例共享治理绩效并获得

排污权，从而分散第三方治理模式的经营风险，保证环保企业的经济可持续性，使第三方治理模式的整体环境绩效在时间上形成可持续。同时，早在党的十九大报告提出“构建政府为主导、企业为主体、社会组织和公众共同参与的环境治理体系”目标和 2020 年印发的《关于构建现代环境治理体系的指导意见》为环境污染治理领域主体多元化和责任体系完善方面指明了方向，即在环境污染第三方治理模式中需要完善不同利益相关主体的责任体系，包括环境治理的领导责任体系、企业责任体系、全民行动体系、监管体系、市场体系、信用体系、法律法规政策体系；在主体责任明确的基础上，需要构建多主体参与的治理模式。而多主体参与则要求市场能够培育多元化的污染治理主体，目前上海环境污染第三方治理主体仅集中在少数大型环保企业，市场规模远不能满足上海环境污染第三方治理市场的发展需求。因此，建议构建吸引多主体参与、共享第三方治理环境效益的绩效分配机制，使共享环境绩效机制成为多主体对环境污染第三方治理模式的认同与挖掘第三方治理模式潜在环境绩效的动力。

二、积极开展环保产品服务评审，建立基于环境绩效的信用评价机制

在我国加快生态文明体制改革建议中，明确提出“强化排污者责任，健全环保信用评价、信息强制性披露、严惩重罚等制度”。因此，建议上海尽快出台分领域引导、监督、管理环境污染第三方治理市场主体经济行为的管理办法。在此基础上，上海市环保行业协会

应积极开展地级荣誉称号环保产品服务评审认证工作，编制地方认证环保产品、服务名录；建议上海市经信委设立专项资金对采用地级荣誉环保产品、服务并已取得较好治理绩效的第三方治污环保企业给予奖励，调动环保企业开展第三方治污的积极性。同时，建议发挥上海环保行业协会、上海第三方环境治理产业联盟等平台的作用，与金融机构共同建立环境污染治理行业内基于项目绩效的信用评价体系，包括行业“黑名单”制度和第三方治理项目信息公开平台等，提高排污主体选择第三方治理环保企业的透明度。此外，需要兼用经济手段和行政手段惩戒失信环保企业责任人，促进上海环境污染第三方治理产业的健康发展。

三、建立环境污染第三方治理风险补偿机制，培育项目融资担保主体

信用评价机制的建立将使得第三方治理市场上治理主体行为更加规范，但是目前市场上仍需要规范治理对象行为，使第三方治理模式所有参与者的努力形成合力。因此，首先建议对于存在信用风险和环境绩效不确定风险的环境污染第三方治污项目，上海市经信委与承保项目的融资担保机构按照一定出资比例设立“环境污染第三方治理风险补偿基金”，保证政策性融资担保机构健康发展的同时引导更多商业性融资担保机构进入环境污染第三方治理领域，完善上海市环境污染第三方治理多主体参与的市场结构。其次，建议尽快出台立法在高污染、高排放行业推行环境污染强制责任保险，配合绿色信贷政策，倒逼排污单位尽快采用环境污染第三方治

理模式的同时，从环境污染治理行业入手吸引保险行业增加环境污染第三方治理履约保证类商业险种，间接培育第三方治理的融资担保主体，起到防范第三方治理项目过程中信用风险和环境绩效不确定风险的作用。

附录 A　小样本描述统计

小样本数据的描述性统计和正太分布性

	N	最小值	最大值	均值	标准偏差	偏度		峰度	
	统计	统计	统计	统计	统计	统计	标准错误	统计	标准错误
Z1	30	3	5	4.20	0.761	−0.362	0.427	−1.141	0.833
Z2	30	1	5	4.03	0.964	−1.306	0.427	2.307	0.833
Z3	30	1	5	4.33	0.922	−1.873	0.427	4.650	0.833
Z4	30	1	5	4.40	0.968	−2.138	0.427	5.015	0.833
Z5	30	1	5	3.93	1.143	−1.199	0.427	1.143	0.833
Z6	30	1	5	4.03	1.033	−1.276	0.427	1.569	0.833
Z7	30	2	5	4.13	0.973	−1.004	0.427	0.182	0.833
Z8	30	1	5	3.80	0.997	−0.690	0.427	0.631	0.833
Y1	30	2	5	4.30	0.702	−1.140	0.427	2.568	0.833
Y2	30	3	5	4.23	0.626	−0.201	0.427	−0.453	0.833

续 表

	N	最小值	最大值	均值	标准偏差	偏度		峰度	
	统计	统计	统计	统计	统计	统计	标准错误	统计	标准错误
Y3	30	3	5	4.43	0.679	−0.805	0.427	−0.402	0.833
Y4	30	3	5	4.30	0.651	−0.385	0.427	−0.609	0.833
Y5	30	3	5	4.40	0.724	−0.794	0.427	−0.605	0.833
Y6	30	3	5	4.43	0.679	−0.805	0.427	−0.402	0.833
Y7	30	3	5	4.20	0.761	−0.362	0.427	−1.141	0.833
Y8	30	4	5	4.50	0.509	0.000	0.427	−2.148	0.833
Y9	30	3	5	4.33	0.661	−0.484	0.427	−0.620	0.833
Y10	30	2	5	4.20	0.805	−0.815	0.427	0.363	0.833
Y11	30	1	5	3.97	1.033	−0.934	0.427	0.795	0.833
Y12	30	3	5	4.20	0.805	−0.391	0.427	−1.333	0.833
Y13	30	2	5	4.23	0.858	−1.188	0.427	1.266	0.833
Y16	30	3	5	4.63	0.599	−1.379	0.264	0.896	0.523
Y17	30	3	5	4.53	0.687	−1.152	0.264	0.047	0.523
Y19	30	1	5	4.36	0.835	−1.286	0.264	1.758	0.523
Y20	30	1	5	4.46	0.816	−1.586	0.264	2.745	0.523
X1	30	3	5	4.27	0.740	−0.480	0.427	−0.972	0.833
X2	30	3	5	4.20	0.714	−0.316	0.427	−0.911	0.833
X3	30	3	5	4.23	0.774	−0.441	0.427	−1.160	0.833
有效个案数（成列）	30								

附录 B 大样本描述统计

大样本数据的描述统计和正太分布

	N	最小值	最大值	均值	标准偏差	偏度		峰度	
	统计	统计	统计	统计	统计	统计	标准错误	统计	标准错误
z1(Z1)	83	1	5	4.22	0.884	−0.986	0.264	0.775	0.523
z2(Z2)	83	1	5	4.20	0.985	−1.447	0.264	2.209	0.523
z3(Z3)	83	1	5	4.45	0.769	−1.627	0.264	3.692	0.523
z4(Z4)	83	1	5	4.49	0.916	−2.131	0.264	4.541	0.523
z5(Z5)	83	1	5	4.19	1.018	−1.253	0.264	1.077	0.523
z6(Z6)	83	1	5	4.18	0.965	−1.126	0.264	0.744	0.523
z7(Z7)	83	2	5	4.33	0.885	−1.236	0.264	0.748	0.523
z8(Z8)	83	1	5	4.01	1.053	−0.858	0.264	0.071	0.523
y1(Y1)	83	2	5	4.33	0.798	−0.955	0.264	0.169	0.523
y2(Y2)	83	1	5	4.28	0.860	−1.281	0.264	1.851	0.523

续 表

	N	最小值	最大值	均值	标准偏差	偏度		峰度	
	统计	统计	统计	统计	统计	统计	标准错误	统计	标准错误
y3(Y3)	83	3	5	4.43	0.719	−0.872	0.264	−0.550	0.523
y4(Y4)	83	3	5	4.40	0.680	−0.692	0.264	−0.612	0.523
y5(Y5)	83	2	5	4.42	0.751	−1.054	0.264	0.241	0.523
y6(Y6)	83	3	5	4.49	0.669	−0.977	0.264	−0.198	0.523
y7(Y7)	83	1	5	4.34	0.845	−1.335	0.264	1.980	0.523
y8(Y8)	83	3	5	4.49	0.632	−0.868	0.264	−0.253	0.523
y9(Y9)	83	3	5	4.41	0.699	−0.766	0.264	−0.605	0.523
y10(Y10)	83	2	5	4.36	0.774	−0.894	0.264	−0.189	0.523
y11(Y12)	83	3	5	4.40	0.732	−0.784	0.264	−0.714	0.523
y12(Y13)	83	2	5	4.40	0.764	−1.157	0.264	0.860	0.523
y13(Y16)	83	3	5	4.63	0.599	−1.379	0.264	0.896	0.523
y14(Y17)	83	3	5	4.53	0.687	−1.152	0.264	0.047	0.523
y15(Y19)	83	1	5	4.36	0.835	−1.286	0.264	1.758	0.523
y16(Y20)	83	1	5	4.46	0.816	−1.586	0.264	2.745	0.523
x1(X1)	83	2	5	4.34	0.830	−0.969	0.264	−0.072	0.523
x2(X2)	83	1	5	4.06	1.108	−1.113	0.264	0.507	0.523
x3(X3)	83	3	5	4.45	0.737	−0.934	0.264	−0.533	0.523
有效个案数(成列)	83								

附录C 初始问卷调查表

环境污染第三方治理绩效测度研究调查问卷

本问卷是上海市哲社规划课题一般项目(课题批准号:2018BJB007)《中国环境污染第三方治理绩效测度与上海实践研究》中的一部分。您的意见和答案将为本研究提供非常重要的帮助,请您在百忙之中抽出几分钟时间回答我们的问题。我们承诺,将对您提供的所有信息保密,真诚希望与您在环境污染第三方治理(简称"第三方治理")绩效研究方面加强联系。如果您对本研究结论感兴趣,我们会在研究结束后将研究结果发送给您。

联系人:曹莉萍　电话:13918756814　电邮:clp-ww@163.com

请根据您对第三方治理服务项目了解的实际情况选择相应选项,或填写相应内容。其中,狭义的第三方治理绩效包括经济效果、环境效果、社会效果。第三方治理服务利益相关主体涉及排污主体、第三方治理主体（如环境服务企业）、政府相关部门、投融资机构、独立绩效评估机构等。过程管理效果分为环境技术设备投入的产出效率、运营管理服务投入的产出效率，以及环境绩效合同条款完善度。

第一部分

请问您属于（　　）

□环境服务企业（第三方治理主体）　□排污企业　□投融资机构　□政府环保相关部门、行业协会　□环境技术研发机构/交易平台

请问您所在机构主要从事的环境领域是（　　）［多选］

□大气污染防治　□水污染防治　□固废处置与资源化　□土壤修复　□噪声与振动控制　□环境监测　□其他领域________

您所涉及的环境污染第三方治理服务项目合同期年限一般为（　　）

□1～2年　□2～5年　□5～10年　□10年以上

您所涉及的环境污染第三方治理服务项目中环境设备资本投入占比约为：（　　）

□0%　□1%～20%　□21%～50%　□81%～90%

您所涉及的环境污染第三方治理服务项目是否有独立绩效评估机构对服务项目进行绩效评估？

□都有　□都没有　□一部分服务项目有

您所涉及的环境污染第三方治理服务中排污主体、治污主体是否有购买环境污染责任险?

□都有 □都没有 □一部分服务项目有

第二部分

Z1 排污主体单位减排量的经济收益越高,第三方治理服务经济效果越好。

□完全不同意 □不太同意 □不能确定 □基本同意 □完全同意

Z2 第三方治理过程中运营管理服务经济效果要比环境设备投入的更为重要。

□完全不同意 □不太同意 □不能确定 □基本同意 □完全同意

Z3 第三方治理核心利益相关主体合作满意度越高,社会对第三方治理机制越认可。

□完全不同意 □不太同意 □不能确定 □基本同意 □完全同意

Z4 第三方治理服务的污染减排量越大,越有利于改善服务设施地的生态环境。

□完全不同意 □不太同意 □不能确定 □基本同意 □完全同意

Z5 第三方治理服务单位资本投入的合同期越长,污染物减排的社会示范作用越大。

□完全不同意　□不太同意　□不能确定　□基本同意　□完全同意

Z6 第三方治理过程中运营管理服务资本投入比重越高，社会对环境治理技术服务越认可。

□完全不同意　□不太同意　□不能确定　□基本同意　□完全同意

Z7 第三方治理服务单位资本投入的污染减排量越大，越有利于改善排污企业环境污染状况。

□完全不同意　□不太同意　□不能确定　□基本同意　□完全同意

Z8 第三方治理过程中环境设备资本投入比重越低，第三方治理服务对自然资源利用率越高。

□完全不同意　□不太同意　□不能确定　□基本同意　□完全同意

Y1 排污主体单位产值排污量下降越大，排污主体满意度越高。

□完全不同意　□不太同意　□不能确定　□基本同意　□完全同意

Y2 排污主体缴纳排污费越少，排污主体满意度越高。

□完全不同意　□不太同意　□不能确定　□基本同意　□完全同意

Y3 排污主体获得政府支持减排政策越多，排污主体满意度越高。

□完全不同意　□不太同意　□不能确定　□基本同意

□完全同意

Y4 第三方治理服务对于排污主体负面影响越小，排污主体满意度越高。

□完全不同意 □不太同意 □不能确定 □基本同意 □完全同意

Y5 第三方治理主体获得经济效益越高，第三方治理主体满意度越高。

□完全不同意 □不太同意 □不能确定 □基本同意 □完全同意

Y6 排污主体越积极配合第三方治理主体，第三方治理主体满意度越高。

□完全不同意 □不太同意 □不能确定 □基本同意 □完全同意

Y7 第三方治理融资渠道限制越少，第三方治理主体满意度越高。

□完全不同意 □不太同意 □不能确定 □基本同意 □完全同意

Y8 政府相关部门对第三方治理服务的奖励范围和力度越大，第三方治理主体满意度越高。

□完全不同意 □不太同意 □不能确定 □基本同意 □完全同意

Y9 第三方治理服务单位资本投入的污染减排量越大，服务交易双方满意度越高。

□完全不同意 □不太同意 □不能确定 □基本同意 □完全同意

Y10 第三方治理服务单位资本投入的经济收益越高，服务交易双方满意度越高。

□完全不同意 □不太同意 □不能确定 □基本同意 □完全同意

Y11 第三方治理服务环境设备的资本投入越少，服务交易双方满意度越高。

□完全不同意 □不太同意 □不能确定 □基本同意 □完全同意

Y12 政府帮助承担部分交易费用，第三方治理服务交易双方满意度越高。

□完全不同意 □不太同意 □不能确定 □基本同意 □完全同意

Y13 独立绩效评估结果与合同约定绩效一致性越高，第三方治理服务交易双方满意度越高。

□完全不同意 □不太同意 □不能确定 □基本同意 □完全同意

Y14 独立绩效评估结果与合同约定绩效一致性越高，独立绩效评估机构满意度越高。

□完全不同意 □不太同意 □不能确定 □基本同意 □完全同意

Y15 第三方治理服务责任纠纷越少，独立绩效评估机构满意度越高。

□完全不同意　□不太同意　□不能确定　□基本同意　□完全同意

Y16 第三方治理服务使排污主体更好地完成污染减排指标，政府环保相关部门满意度越高。

□完全不同意　□不太同意　□不能确定　□基本同意　□完全同意

Y17 第三方治理服务环境示范效应越大，政府相关部门满意度越高。

□完全不同意　□不太同意　□不能确定　□基本同意　□完全同意

Y18 有第三方担保机构的参与，可以提高第三方治理服务融资效率和绩效。

□完全不同意　□不太同意　□不能确定　□基本同意　□完全同意

Y19 第三方治理服务交易双方信誉资质认证级别越高，投融资机构越愿意提供投融资服务。

□完全不同意　□不太同意　□不能确定　□基本同意　□完全同意

Y20 第三方治理服务投资回报率越高，投融资机构对服务的融资额度越大、融资期限越长。

□完全不同意　□不太同意　□不能确定　□基本同意　□完全同意

X1 第三方治理过程中运营管理服务减排量越高，过程管理效果越好。

□完全不同意 □不太同意 □不能确定 □基本同意 □完全同意

X2 第三方治理过程中环境技术服务减排量越高，过程管理效果越好。

□完全不同意 □不太同意 □不能确定 □基本同意 □完全同意

X3 第三方治理绩效合同条款越完善，过程管理效果越好。

□完全不同意 □不太同意 □不能确定 □基本同意 □完全同意

附录 D　正式问卷调查表

环境污染第三方治理绩效测度研究调查问卷

本问卷是上海市哲社规划课题一般项目(课题批准号:2018BJB007)《中国环境污染第三方治理绩效测度与上海实践研究》中的一部分。您的意见和答案将为本研究提供非常重要的帮助,请您在百忙之中抽出几分钟时间回答我们的问题。我们承诺,将对您提供的所有信息保密,真诚希望与您在环境污染第三方治理(简称“第三方治理”)绩效研究方面加强联系。如果您对本研究结论感兴趣,我们会在研究结束后将研究结果发送给您。

联系人:曹莉萍　电话:13918756814　电邮:clp-ww@163.com

请根据您对第三方治理服务项目了解的实际情况选择相应选项,或填写相应内容。其中,狭义的第三方治理绩效包括经济效果、环境效果、社会效果。第三方治理服务利益相关主体涉及排污主体、第三方治理主体(如环境服务企业)、政府相关部门、投融资机构、独立绩效评估机构等。过程管理效果分为环境技术设备投入的产出效率、运营管理服务投入的产出效率,以及环境绩效合同条款完善度。

第一部分

请问您属于(　　)

□环境服务企业(第三方治理主体)　□排污企业　□投融资机构　□政府环保相关部门、行业协会　□环境技术研发机构/交易平台

请问您所在机构主要从事的环境领域是(　　)[多选]

□大气污染防治　□水污染防治　□固废处置与资源化　□土壤修复　□噪声与振动控制　□环境监测　□其他领域________

您所涉及的环境污染第三方治理服务项目合同期年限一般为(　　)

□1～2 年　□2～5 年　□5～10 年　□10 年以上

您所涉及的环境污染第三方治理服务项目中环境设备资本投入占比约为:(　　)

□0%　□1%～20%　□21%～50%　□81%～90%

您所涉及的环境污染第三方治理服务项目是否有独立绩效评估机构对服务项目进行绩效评估?

□都有　□都没有　□一部分服务项目有

您所涉及的环境污染第三方治理服务中排污主体、治污主体是否有购买环境污染责任险？

□都有　□都没有　□一部分服务项目有

第二部分

z1 排污主体单位减排量的经济收益越高，第三方治理服务经济效果越好。

□完全不同意　□不太同意　□不能确定　□基本同意　□完全同意

z2 第三方治理过程中运营管理服务经济效果要比环境设备投入的更为重要。

□完全不同意　□不太同意　□不能确定　□基本同意　□完全同意

z3 第三方治理核心利益相关主体合作满意度越高，社会对第三方治理机制越认可。

□完全不同意　□不太同意　□不能确定　□基本同意　□完全同意

z4 第三方治理服务的污染减排量越大，越有利于改善服务设施地的生态环境。

□完全不同意　□不太同意　□不能确定　□基本同意　□完全同意

z5 第三方治理服务单位资本投入的合同期越长，污染物减排的社会示范作用越大。

□完全不同意　□不太同意　□不能确定　□基本同意
□完全同意

z6 第三方治理过程中运营管理服务资本投入比重越高,社会对环境治理技术服务越认可。

□完全不同意　□不太同意　□不能确定　□基本同意
□完全同意

z7 第三方治理服务单位资本投入的污染减排量越大,越有利于改善排污企业环境污染状况。

□完全不同意　□不太同意　□不能确定　□基本同意
□完全同意

z8 第三方治理过程中环境设备资本投入比重越低,第三方治理服务对自然资源利用率越高。

□完全不同意　□不太同意　□不能确定　□基本同意
□完全同意

y1 排污主体单位产值排污量下降越大,排污主体满意度越高。

□完全不同意　□不太同意　□不能确定　□基本同意
□完全同意

y2 排污主体缴纳排污费越少,排污主体满意度越高。

□完全不同意　□不太同意　□不能确定　□基本同意
□完全同意

y3 排污主体获得政府支持减排政策越多,排污主体满意度越高。

□完全不同意　□不太同意　□不能确定　□基本同意

□完全同意

y4 第三方治理服务对于排污主体负面影响越小，排污主体满意度越高。

□完全不同意　□不太同意　□不能确定　□基本同意　□完全同意

y5 第三方治理主体获得经济效益越高，第三方治理主体满意度越高。

□完全不同意　□不太同意　□不能确定　□基本同意　□完全同意

y6 排污主体越积极配合第三方治理主体，第三方治理主体满意度越高。

□完全不同意　□不太同意　□不能确定　□基本同意　□完全同意

y7 第三方治理融资渠道限制越少，第三方治理主体满意度越高。

□完全不同意　□不太同意　□不能确定　□基本同意　□完全同意

y8 政府相关部门对第三方治理服务的奖励范围和力度越大，第三方治理主体满意度越高。

□完全不同意　□不太同意　□不能确定　□基本同意　□完全同意

y9 第三方治理服务单位资本投入的污染减排量越大，服务交易双方满意度越高。

□完全不同意 □不太同意 □不能确定 □基本同意 □完全同意

y10 第三方治理服务单位资本投入的经济收益越高，服务交易双方满意度越高。

□完全不同意 □不太同意 □不能确定 □基本同意 □完全同意

y11 政府帮助承担部分交易费用，第三方治理服务交易双方满意度越高。

□完全不同意 □不太同意 □不能确定 □基本同意 □完全同意

y12 独立绩效评估结果与合同约定绩效一致性越高，第三方治理服务交易双方满意度越高。

□完全不同意 □不太同意 □不能确定 □基本同意 □完全同意

y13 第三方治理服务使排污主体更好地完成污染减排指标，政府环保相关部门满意度越高。

□完全不同意 □不太同意 □不能确定 □基本同意 □完全同意

y14 第三方治理服务环境示范效应越大，政府相关部门满意度越高。

□完全不同意 □不太同意 □不能确定 □基本同意 □完全同意

y15 第三方治理服务交易双方信誉资质认证级别越高，投融资机构越愿意提供投融资服务。

□完全不同意　□不太同意　□不能确定　□基本同意　□完全同意

y16 第三方治理服务投资回报率越高，投融资机构对服务的融资额度越大、融资期限越长。

□完全不同意　□不太同意　□不能确定　□基本同意　□完全同意

x1 第三方治理过程中运营管理服务减排量越高，过程管理效果越好。

□完全不同意　□不太同意　□不能确定　□基本同意　□完全同意

x2 第三方治理过程中环境技术服务减排量越高，过程管理效果越好。

□完全不同意　□不太同意　□不能确定　□基本同意　□完全同意

x3 第三方治理绩效合同条款越完善，过程管理效果越好。

□完全不同意　□不太同意　□不能确定　□基本同意　□完全同意

附录 E　访谈提纲

环境污染第三方治理绩效研究访谈提纲

被访谈项目主体为环境污染第三方治理服务中以第三方治理主体为核心的主要利益相关主体方；具体访谈对象为排污主体、政府部门、行业协会、负责环境污染第三方治理融资业务的银行部门负责人。

访谈内容（以环境污染第三方治理服务项目为单位）：

（一）该推进环境污染第三方治理模式的背景、意义，排污主体污染减排的情况；

（二）第三方治理主体从事环境污染治理服务项目的时间和有关经历；

（三）该环境污染第三方治理过程是怎样的？包括：

现有污染减排效果如何？

环境技术、设备(或其优势)怎样?

运营服务是如何做的?

污染减排量如何测量认证?

(四)该治理服务中影响各主体满意度的关键因素有哪些?

影响排污主体满意度的关键因素有哪些?

影响第三方治理主体满意度的关键因素有哪些?

影响政府部门满意度的关键因素有哪些?

影响投融资机构满意度的关键因素有哪些?

(五)您觉得环境污染第三方服务实施起来有哪些困难或障碍?

(六)如何定义和衡量一个环境污染第三方治理服务是否可持续,影响第三方治理服务可持续的关键因素有哪些?

(七)环境污染第三方治理绩效的衡量指标有哪些?您是如何去衡量的?

(八)衡量合同期长短、成本规模控制、独立绩效评估机制、环境风险预防机制等的关键指标有哪些?这些因素对环境污染第三方治理服务效果和主体满意度有何影响?

参考文献

[1] 刘巧云:《我国环境污染第三方治理法律责任制度研究》,郑州大学2019年硕士学位论文。

[2] 贺震:《第三方连带责任不因委托方授意而免除》,《中国环境报》2019年6月14日第006版。

[3] 诸大建、曹莉萍:《合同能源管理服务绩效的新评价指标体系》,《城市问题》2012年第12期,第85—90页。

[4] 吴怡、诸大建:《生产者责任延伸制的SOP模型及激励机制研究》,《中国工业经济》2008年第3期,第32—39页。

[5] 张全:《以第三方治理为方向加快推进环境治理机制改革》,《环境保护》2014年第20期,第31—33页。

[6] 李雪松、吴萍、曹婉吟:《环境污染第三方治理的风险分析及制度保障》,《求索》2016年第2期,第41—45页。

[7] 黄晔:《我国环境污染第三方治理制度浅析》,《法制博览》2018

年第 36 期,第 5—7 页。

[8] 周五七:《中国环境污染第三方治理形成逻辑与困境突破》,《现代经济探讨》2017 年第 1 期,第 33—37 页。

[9] 刘腾飞:《环境污染第三方治理法律责任问题研究》,《湖南工程学院学报(社会科学版)》2019 年第 4 期,第 75—78,122 页。

[10] 董战峰、董玮、田淑英、程翠云、张欣:《我国环境污染第三方治理机制改革路线图》,《中国环境管理》2016 年第 4 期,第 52—59,107 页。

[11] 徐秉声、林翎、黄进:《支撑环境污染第三方治理的标准体系构建研究》,《环境工程》2017 年第 7 期,第 180—184 页。

[12] Stefanie Engel, Stefano Pagiola, SvenWunder, "Designing Payments for Environmental Services in Theory and Practice: An Overview of the Issues," *Elsevier B.V.*, 2008, 65(4).

[13] 周全、葛察忠、璩爱玉、董战峰:《运用市场经济手段防治土壤环境污染的国际经验分析及借鉴》,《环境保护》2016 年第 18 期,第 69—72 页。

[14] C. A Valera, T.C.T Pissarra, M.V, Martins Filho et al. "A Legal Framework with Scientific Basis for Applying the 'Polluter Pays Principle' to Soil Conservation in Rural Watersheds in Brazil," *Land Use Policy*, 2017(66):61—71.

[15] Malisa Djukic, Iljcho Jovanoski, Olja Munitlak Ivanovic,

Milena Lazic, Dusko Bodroza, "Cost-benefit Analysis of An Infrastructure Project and ACost-reflective Tariff: A Case Study for Investment in Wastewater Treatment Plant in Serbia," *Elsevier Ltd*, 2016, 59.

[16] 丰景春、杨卫兵、张可:《基于可拓物元模型的农村水环境治理绩效评价》,《社会科学家》2015 年第 10 期,第 86—90 页。

[17] 赵永刚、贾俊杰、焦涛:《太湖流域水污染治理项目绩效评估及长效管理机制研究》,《环境科学与管理》2016 年第 6 期,第 14—17 页。

[18] 艾丽娟、刘娜、王子彦:《京津冀地区环境治理绩效评价公正性研究》,《改革与开放》2016 年第 14 期,第 63—64, 66 页。

[19] 江泽民:《必须把贯彻实施可持续发展战略始终作为一件大事来抓》,《科技进步与对策》1996 年第 5 期,第 5—6 页。

[20] 诸大建:《可持续发展理论和走向二十一世纪的中国》,《上海社会科学院学术季刊》1997 年第 1 期,第 14—22 页。

[21] Freeman, R.E. & Evan. W.M, "Corporate Governance: A Stakeholder Interpretation," *Journal of Behavioral Economics*, 1990,(19):337—359.

[22] Clarkson, M. "A Stakeholder Framework for Analyzing and Evaluating Corporate Social Performance," *Academy of Management Review*, 1995. 20(1):92—117.

[23] 贾生华、陈宏辉:《利益相关主体的界定方法述评》,《外国经济与管理》2002 年第 5 期。

[24] Maxwell, D., van der Vorst, R, "Developing Sustainable Products and Services," *J. Clean. Prod*, 2003 (11): 883—895.

[25] 陈维政、吴继红、任佩瑜:《企业社会绩效评价的利益相关主体模式》,《中国工业经济》2002 年第 7 期。

[26] 埃莉诺・奥斯特罗姆、王宇锋:《集体行动与社会规范的演进》,《经济社会体制比较》2012 年第 5 期,第 1—13 页。

[27] 瓦尔特・施塔尔:《绩效经济》,诸大建、朱远等译,上海译文出版社 2009 年版。

[28] 诸大建、朱远:《基于 OPS 的循环经济拓展模型及其应用——以上海为例》,《经济管理》2007 年第 5 期,第 80—86 页。

[29] 吴怡、诸大建:《生产者责任延伸制的 SOP 模型及激励机制研究》,《中国工业经济》2008 年第 3 期,第 32—40 页。

[30] Brown, D., Dillard, J., Marshall, S, "Triple Bottom Line: A Business Metaphor for A Social Construct, Critical Perspectives on Accounting Proceedings, "City University of New York. 2006.

[31] Allen Consulting Group, *Triple Bottom Line*, Commonwealth of Australia, Canberra. 2002.

[32] Norman, W., MacDonald, C, "Getting to the bottom of 'Triple bottom line' ," *Bus. Ethics Q.*, 2004 (14): 243—262.

[33] Wang, L., Lin, L, "A methodological framework for the

triple bottom line accounting and management of industry enterprises ," *Int. J.Prod. Res.*, 2007(45):1063—1088.

[34] Foran, B., Lenzen, M., Dey, C., Bilek, M, "Integrating sustainable chain management with triple bottom line accounting," *Ecol. Econ.*, 2005(52):143—157.

[35] Ho, L.C.J., Taylor, M.E., "An empirical analysis of triple bottom-line reporting and its determinants: evidence from the United States and Japan ," *J. Int. Financ. Manage. Actg.*, 2007(18):123—150.

[36] Mahoney, M., Portter, J.L., "Integrating health impact assessment into the triple bottom line concept," *Environ. Impact Asses*, 2004(24):151—160.

[37] Pope, J., Annandale, D., "Morrison-Saunders, A.Conceptualising sustainability assessment," *Environ. Impact Asses*, 2004(24):595—616.

[38] 马庆国:《管理科学研究方法与研究生学位论文的评判参考标准》,《管理世界》2004 年第 12 期,第 99—109 页。

[39] 马庆国:《管理统计——数据获取、统计原理与 SPSS 工具与应用研究》,科学出版社 2002 年版,第 213—256 页。

[40] 李怀祖:《管理研究方法论(第 2 版)》,西安交通大学出版社 2004 年版。

[41] Kumar, Aaker & Day. *Essentials of Marketing Research, 2nd Edition with SPSS 17.0*, Wiley. 2003:309.

[42] 杨志蓉:《团队快速信任、互动行为与团队创造力研究》,浙江大学 2006 年博士学位论文。

[43] Chandler, G.N. & S.H. Hanks, "Market attractiveness, Resource-Based Capabilities, Venture Strategy, and Venture Performance," *Journal of Business Venturing*, vol.9, no.4, 1994:331—349.

[44] Alexander Klee, "The Impact of Customer Satisfaction and Relationship Quality on Customer Retention—A Critical Reassessment and Model Development," *Psychology & Marketing*, 1997, 14(December):737—765.

[45] Smith, J., "Brock Buyer-Seller Relationships: Similarity, Relationship Management, and Quality," *Psychology & Marketing*, 1998, 15(January):3—21.

[46] Garbarino, Ellen and Mark S.Johnson, "The Different Roles of Satisfaction, Trust, and Commitment in Customer Relationships," *Journal of Marketing*, 1999, 63 (April): 70—87.

[47] Nguyen, P.T., "Critical factors in establishing and maintaining trust in software out sourcing relationships," Shanghai China: ICSE06, 2006:624—627.

[48] Saitousinn,合同完善性与合同各方信任度的实证研究[EB/OB] http://www.shef.ac.uk/～ibberson/qfd/html. 2011 年 9 月 28 日。

[49] Kline, R.B. *Principles and practices of structural equation modeling*, New York: Guilford. 1998.

[50] Peter. Internal consistency reliability http://wiki. mbalib. com/wiki/%E5%86%85%E9%83%A8%E4%B8%80%E8%87%B4%E6%80%A7%E4%BF%A1%E5%BA%A6. 2002.

[51] Bollen, K.A., *Structural Equations with Latent Variables*, New York: John Wiley & Sons, Inc. 1989.

[52] 荣泰生:《AMOS与研究方法(万卷方法——统计分析方法丛书)》,重庆大学出版社, 2009年版。

[53] 吴明隆:《问卷统计分析实务——SPSS操作与应用》,重庆大学出版社2012年版。

[54] 吴明隆:《结构方程模型——AMOS的操作与应用》,重庆大学出版社2010年版。

[55] 侯杰泰、温忠麟、成子娟:《结构方程模型及其应用》,教育科学出版社2004年版。

后　记

“十四五”开局之年，我国已进入全面建设社会主义现代化国家新征程和向2035年美丽中国目标迈进的第一个五年，具有不同于以往的新形势和新要求。同时，我国于2020年提出“中国力争于2030年前达到二氧化碳排放峰值、努力争取2060年前实现碳中和”目标，这无疑要求将对作为大气环境新型污染物的二氧化碳的治理，纳入环境污染治理体系当中。因此，“十四五”时期生态环境保护将坚持精准治污、科学治污、依法治污：一手抓污染物排放，抓环境治理，抓源头治理，从源头防控降低污染物排放；一手抓生态保护与修复，推动山水林田湖草系统治理，大力加强对生态保护的监管力度，努力扩大生态空间和生态容量，促进产业结构的调整和绿色低碳转型发展，推动形成绿色发展方式和生活方式。要建立健全环境治理的领导责任体系、企业责任体系、全民行动体系、监管体系、市场体系、信用体系、法律法规政策体系，实现生态环境治理体系和治理能力的现代化。

本书是关于环境污染治理绩效研究的专题成果，也是其主持的上海市哲学社会科学规划办2018年度上海市社科规划一般课题“中国环境污染第三方治理绩效测度与上海实践研究”最终成果。研究过程坚持理论和实践相结合。一方面，对国内外环境污染治理绩效理论、研究方法进行总结，提出基于可持续发展视角的绩效理论和研究方法；采用生态经济学对服务效率的广义概念解构环境污染第三方治理绩效测度因素；并基于国内外现有研究提出环境污染第三方治理绩效这一环境污染治理绩效机制创新的研究假设，为本研究奠定了良好的理论基础。另一方面，首先立足于中国国情，积极与中国环境保护产业协会沟通掌握我国环境污染第三方治理模式发展现状、具体成功案例的经验；其次，基于上海实践，实地走访、调研政府相关部门（发改委、经信委、节能减排中心、财政局、金融办等），上海市环境保护工业行业协会、上海环境科学院，以及覆盖全市13个区重点开展环境污染第三方治理业务的环保企业，就上海环境污染第三方治理模式的推广、实施的进展和重点难点问题、成功案例等方面进行深入探讨，并发放调查问卷收集研究数据，使本研究在理论深度之上，又具有实践针对性。

本书由笔者及项目成员上海社会科学院生态与可持续发展研究所副研究员刘新宇、助理研究员嵇欣协助完成，部分内容摘取笔者已发表在CSSCI期刊、SSCI期刊上的学术研究论文。

感谢上海社会科学院智库研究中心、科研处、智库建设处等部门的大力支持和帮助,感谢上海社会科学院生态与可持续发展研究所所长周冯琦对该研究的指导,感谢生态所同事们以及本研究报告的评审专家对本研究提出的宝贵意见和建议。

2021 年 5 月

图书在版编目(CIP)数据

环境污染治理绩效机制创新研究 ：以第三方治理为例 / 曹莉萍著 .— 上海 ：上海社会科学院出版社，2021

ISBN 978-7-5520-3599-5

Ⅰ. ①环… Ⅱ. ①曹… Ⅲ. ①环境污染—污染防治—研究 Ⅳ. ①X5

中国版本图书馆 CIP 数据核字(2021)第 113114 号

环境污染治理绩效机制创新研究——以第三方治理为例

著　　者：曹莉萍
出 品 人：佘　凌
责任编辑：温　欣
封面设计：周清华
出版发行：上海社会科学院出版社
　　　　　上海顺昌路 622 号　邮编 200025
　　　　　电话总机 021-63315947　销售热线 021-53063735
　　　　　http://www.sassp.cn　E-mail：sassp@sassp.cn
照　　排：南京理工出版信息技术有限公司
印　　刷：常熟市大宏印刷有限公司
开　　本：710 毫米×1010 毫米　1/16
印　　张：10.25
插　　页：2
字　　数：106 千字
版　　次：2021 年 7 月第 1 版　2021 年 7 月第 1 次印刷

ISBN 978-7-5520-3599-5/X·020　　　　定价：68.00 元
